中小学语文教材同步科普分级阅读

—— 九年级（上册）——

人之由来

周国兴◎著

U0232613

长江出版传媒 湖北科学技术出版社

图书在版编目（CIP）数据

人之由来 / 周国兴著. -- 武汉 ： 湖北科学技术出版社，2021.6
　　（中小学语文教材同步科普分级阅读）
　　ISBN 978-7-5706-1427-1

　　Ⅰ．①人… Ⅱ．①周… Ⅲ．①人类起源－青少年读物
Ⅳ．①Q981.1-49

中国版本图书馆 CIP 数据核字(2021)第 062378 号

人之由来
REN ZHI YOULAI

责任编辑：万冰怡 李彤	封面设计：胡　博
出版发行：湖北科学技术出版社	电话：027-87679468
地　　址：武汉市雄楚大街 268 号	邮编：430070
（湖北出版文化城 B 座 13-14 层）	
网　　址：http：//www.hbstp.com.cn	
印　　刷：武汉中科印务有限公司	邮编：430071
700×1000　　1/16	15.75 印张
2021 年 6 月第 1 版	218 千字
	2021 年 6 月第 1 次印刷
	定价：42.00 元

本书如有印装质量问题　可找本社市场部更换

前 言

科技日新月异，科普阅读很潮

2018年6月7日，高考的第一天，很多人惊奇地发现刘慈欣的科幻小说《微纪元》出现在全国卷Ⅲ语文科目的阅读题中。科幻元素进入高考，其实并不新奇。高考语文全国卷曾把沙尘暴、温室效应、人工智能、科技黑箱、全球气候变暖等文本作为阅读材料，实用类文本曾考过徐光启、袁隆平、王选、谢希德、邓叔群、吴文俊、吴征镒、达尔文、玻尔等科学家传记。1999年高考作文题是"假如记忆可以移植"；2016年北京市中考语文试卷的作文题"请考生发挥想象，以'奇妙的实验室'为题目，写一篇记叙文"，等等。中学语文考试开始注重引导学生培养科学精神，掌握科学方法，树立科学意识，增强学科学、爱科学、用科学的兴趣，用科学家献身科学事业的精神，激发学生探索科学奥秘的热情。

著名数学家华罗庚在谈到语文学习时说："要打好基础，不管学文学理，都要学好语文。因为语文天生重要。不会说话，不会写文章，行之不远，存之不久……学理科的不学好语文，写出来的东西文理不通，枯燥无味，佶屈聱牙，让人难以看下去，这是不利于交流，不利于事业发展的。"无论是学习科学还是传播科学，都离不开语文。处于科技飞速发展年代的我们必须具备良好的语文素养。

阅读能力是语文素养的重要组成部分,而阅读的文本就包括科技学术论著、科幻小说、科学诗和科普读物等。2017年版的《初中语文课程标准》对7~9年级学生的阅读要求中,特别提到"阅读科技作品,注意领会作品中所体现的科学精神和科学思想方法",还提到课外阅读要推荐科普科幻读物。《普通高中语文课程标准》更是把"科普读物"作为"实用性阅读与交流"中知识读物类的学习内容,而且把"科学文化论著研习"作为18个学习任务群之一,要求"研习自然科学……论文、著作,旨在引导学生体会和把握科学文化论著表达的观点,提高阅读理解科学文化论著的能力"。为了落实语文课程标准的要求,语文教材非常重视选科普科幻、科学家传记及相关科技类作品作课文。如统编版初中语文教材,就有康拉德·劳伦兹《动物笑谈》,杨振宁《邓稼先》,杨利伟《太空一日》,刘慈欣《带上她的眼睛》,儒勒·凡尔纳《海底两万里》,法布尔《蝉》《昆虫记》,竺可桢《大自然的语言》,陶世龙《时间的脚印》,利奥波德《大雁归来》,丁肇中《应有格物致知精神》,王选《我一生中的重要选择》等篇目。选取或推荐阅读这些与科学有关的读物,意在让学生在学习语文的过程中,培育科学素养与科学态度,弘扬科学精神,养成从小学科学、爱科学的意识,增强学生的理性思辨能力、探究能力和创新能力。

所以,我强烈推荐中学生们阅读这一套《中小学语文教材同步科普分级阅读》。这套书选编自《中国科普大奖图书典藏书系》,此书系被叶永烈先生誉为"科普出版的文化长城"。按照对应年级语文教材的内容和对科普知识及阅读能力的要求,丛书编选委员会结合一线语文老师的经验,为读者做了合理的选择和安排。这不仅仅是因为教育教学的迫切要求,也是因为在科技日新月异的今天,刘慈欣《三体》的横空出世,2019年电影《流浪地球》的热映,说明阅读科普读物越来越成为潮流。在文史哲类书籍之外,这些科普类书籍给了学生们一片新的让思想与所学自由驰骋的天地。

这套书内容一点儿都不枯燥。它不是生硬的知识灌输,而是科学家们与学生们在游戏中玩数学、物理、化学、生物和地理等，让学生们在富有生活情趣的情境和话题中上知天文下晓地理，答疑解惑，解密生活之谜，探索科学的奥秘。阅读过程中，你一定会不由自主地拿起笔，去排列计算，去模拟画像，去动手实验。甚至会迫不及待地把自己获得的新知识、被纠正的错误认识告诉身边的人。阅读之乐，莫不在此。更何况，科学家们把科学知识融入身边的故事，又用生动有趣的语言表述出来，让我们读起来如此轻松，如此自在。

我相信，你们读了这些书，一定会爱上它们，因为，无论内容、语言、结构，还是阅读过程，都会让你感受到新鲜，感受到新潮。希望你们能通过阅读，学习作者在篇章结构、语言表达、思想情感等方面展现出的技巧，并运用到日常的写作当中去。也可以尝试着进行科幻写作或是科普写作，并在实践中提升自己的阅读和写作能力。

让我们从你们这一代人中，发现更多未来可期的能深入浅出地传播科学知识的科普工作者。愿你们能为中国科技的发展、民族的振兴贡献一份力量。

吴洪涛　华中师范大学第一附属中学语文特级教师

序 言

什么是人？

古希腊哲学家柏拉图说"人是没有羽毛的两脚动物"。

另一位古希腊哲学家亚里士多德说"人是理性的动物""政治的动物"。

美国的哲学家富兰克林则说"人是制造工具的动物"。

那么，"人"究竟是什么？

人首先是生物，是一种动物。然而，他不是一般的动物，人是一种特殊的动物。他的特殊性表现在：他能认识周围的世界，并利用对客观世界规律的认识去能动地改造世界。不仅如此，人还能掌握自己的命运，为自己的发展开拓无限广阔的天地，这可不是一般的动物所能做到的。

人是动物，他必定是生物进化的产物；人是特殊的生物，他就必定有其独特的进化方式。

人类是怎样起源的？原始人是如何进化的？我们中国人又是从何而来的？

希腊古箴言称：认识你自己！

人既然是一种极具探索欲的生物，人类社会越进步，人就越需要也越能了解自己，人不仅要研究周围的客观世界，也要去探索自身：我是谁？我来自何方？未来的命运又如何？

这就是我要在本书里告诉你的——人之由来。

我自问：我们从哪里来？我们是什么？我们

要往何处去？

——法国艺术家　高更

目 录

第一章　人生历程
——作为个体的人之由来

　　在我看来,世界上再没有比"人"更奇妙的生物了,他不仅能认识错综复杂的客观世界,还会表达丰富多彩的内心感受。只有人才能最大限度地发挥自己的潜能,他既从属于自然界,又总是力图去驾驭自然界。

　　不论是男人和女人,还是老人和婴儿,都是一个个具体的人,要谈人从哪里来,除了探索作为生物物种的人之由来,还应探索个体人本身,也就是作为个体的人之由来。

　　个体的人之由来,讲的是人的诞生与人生历程。

第一节　繁殖——生命的自然属性

　　作为生物物种之一的人类,同样受制于生物的演化规律。繁殖后代、延续种属是所有生物的基本属性。显然,为了人类社会的永存,人类必须繁殖。

　　人类的繁殖是通过人的性行为活动达到的。虽说人类性行为的自然欲求有其丰富的内容,不仅满足于生理上的需要,还特别赋予心理和精神的情感的特质,成为人类区别于其他动物的显著特点之一,但究其最终的结果,还在于繁衍后代,世代相传,使人类社会绵延不断。

生物的有性繁殖

植物:繁花似锦,完成传粉的大业,最后获得累累硕果。

繁花似锦的植物依靠昆虫传粉结出累累硕果

动物:形形色色的"求爱本能"活动,以完成它们创造新一代的使命。

昆虫交配

大象交配

峨眉山红面
短尾猴交配

大熊猫交配

从最小的昆虫到庞大的象,从憨厚的大熊猫到机灵的猴子,都摆脱不了繁殖的欲望。

性 的 分 化

不妨设想一下,如果生物进化过程中没有两性的分化,结果会怎样呢?

事实上,正是有了两性的分化,使得两性各自的遗传物质得以重新组合,给生物演化发展提供了无限广阔的前景,庞大的生物王国才得以诞生。

英国剧作家莎士比亚说:"人类是一件多么了不起的杰作。"

人体,不仅是造化的不朽之作,更是人本身自我塑造的产物,只有人才能去发现和欣赏人体本身的美。

刚毅的男体　　　　　　　　柔美的女体

法国雕塑家罗丹说:"美,就是性格和表现,而'自然'中任何东西都比不上人体更有性格。"

男 女 性 征

男女身体明显有别,首先是他们的性器官,其结构与机能全然不同;其次,则反映在肉体上的副性征,男女各有千秋。

我们通常所说的性器官也就是生殖器官。

男性生殖器官:

男性生殖器官分为内外两部分。内生殖器包括睾丸、附睾、输精管、射精管、精囊腺及前列腺。

睾丸是产生精子及分泌雄性激素的器官,精子产生后储存在附睾中。

　　射精时,经输精管、射精管最后从尿道排出体外。而精囊腺与前列腺则是分泌液体,参与组成精液,供给精子营养及帮助精子游动。

　　男性外生殖器包括阴囊和阴茎。

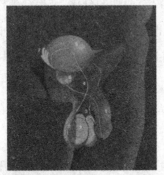

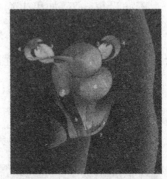

男性内外生殖器官解剖示意图 女性内外生殖器官解剖示意图
1.阴茎与尿道　2.睾丸　3.副睾丸　4.输精管　　　1.子宫　2.子宫颈　3.卵巢　4.输卵管
5.膀胱　6.前列腺　7.精索　　　　　　　　　　　　5.阴道　6.膀胱　7.大小阴唇

　　女性生殖器官:

　　女性生殖器也分内外两部分。内生殖器包括卵巢、输卵管、子宫及阴道。

　　卵巢是女子产生卵子并分泌雌性激素的器官。卵子在卵巢中成熟后排出,然后经过输卵管的腹腔口进入输卵管,在输卵管的壶部受精后移植到子宫内膜上发育成长。成熟的胎儿分娩时,由子宫口经阴道娩出。

　　女性外生殖器包括阴阜、大小阴唇、阴蒂及阴道前庭。

　　男女副性征:

　　男女在进入青春期时,便开始出现一些体表上的变化。男子表现在生长胡须、腋毛、阴毛,喉结突出,骨骼粗大,肌肉发达等;女子则表现为乳房发育,长出阴毛、腋毛,骨盆变宽,皮下脂肪增厚等。

男性的形体　　　女性的形体

体内的性激素

性器官的成熟、副性征的发育与性意识的萌发,均为性激素所引发和控制。性激素是一种类固醇样的物质。

男子的性激素主要由睾丸产生,称雄性激素,主要为睾丸酮;女子的性激素主要由卵巢产生,包括雌性激素及孕酮。卵巢与睾丸被称为"性腺",它们的活动受下丘脑与脑下垂体的制约。

性激素的生理作用可归纳为以下几个方面:

第一,促进性器官发育成熟;

第二,促使男女副性征的发育;

第三,性激素激发情欲,保持人体正常的性功能;

第四,影响着人体的新陈代谢,如雄激素可以促使蛋白质合成,因而能使青春期的男子身体出现一次较显著的增长;雌激素则可以促使皮下脂肪增厚、骨骼钙质沉着及骨骼闭合等。

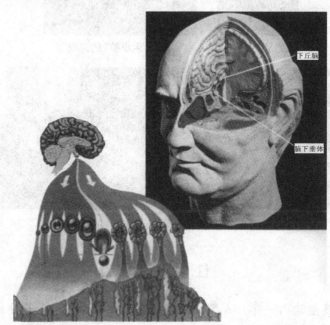

性激素的中枢神经系统制约中心(右上)性激素的作用机制(左下)

性激素的作用机制十分复杂,有很多器官组织参与活动,基本过程大致是这样:首先下丘脑的小分泌腺产生"排出因素",致使脑垂体释放"卵泡刺激素",由此作用于卵巢的卵泡,使之产生雌激素。在雌激素作用下,少女发育出副性征。然后,脑垂体产生黄体刺激素,促使卵泡成熟并排卵,释放卵泡刺激素与孕酮(黄体素),致使子宫壁增厚,为受孕准备条件。

如果卵子没有受精,由卵泡形成的黄体便萎缩,黄体素迅速减少,子宫内膜破裂与少量血液排出体外,便出现月经。

而男性则是由睾丸产生雄性激素促使副性征发育并使精子成熟出现遗精现象,当然这些活动都受到脑垂体和下丘脑的制约。

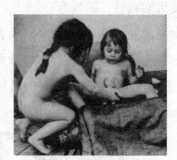

性意识的萌芽　　　　模仿"生小孩"的游戏

恋爱→婚姻→家庭

性 行 为

正如其他动物一样,人类的繁殖是通过性行为的中介致使新生命产生,然后进一步发育而完成。人类的性行为包含求爱与做爱,尤其前者,几乎是人类特有的行为。人类性行为受人类社会习俗、有时是传统的性道德所约束,在现阶段,就多数民族而言,是以婚姻与组成家庭为前提的。

男女间的性行为,导致男女性细胞的结合,为新生命的诞生奠定了物质基础。"性"还是人类起源与演化过程中不能忽视的因素。

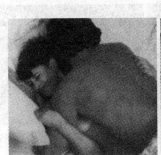 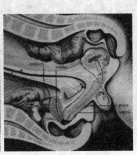 

人类性行为　　　　性器官的交合模型　　男女手臂的姿态象
征各自的性染色体

人类性行为的范围很广泛,但主要由性器官的交合——性交活动而完成。性行为一方面使人满足生理、心理上的需要,另一方面致使两性细胞的结合,产生受精卵,由此发育新的一代。

受 孕 过 程

两性性器官的交合,导致男性射精,每次射出的精液正常量为3~4毫升。精液为乳白色弱碱性黏液,含有较多的果糖、蛋白质、前列腺素和酶类等物质,这些物质不但有助于精子的生存及活动,并供给精子以能量。

每毫升精液约含精子1亿~2亿个,其中80%具有活力。性交后,男性的精子进入女性的阴道,但绝大部分很快死亡,在阴道内存活的时间为6小时。精子经过宫颈、宫腔及输卵管等器官最后到达输卵管壶部,运行的时间约需1小时左右。精子的队伍在运行过程中遭到不同程度的淘汰。靠自身的摆动、子宫收缩和输卵管的蠕动,来到输卵管壶部的精子数量很有限。到达卵子周围的少数精子开始竞争,它们分泌一种叫神经胺酶和透明质酸酶的物质,冲破围着卵子的其他细胞,并溶解这些细胞间的酸质。最后,其中的一个精子穿透卵子的放射冠与透明带进入卵子,精子头部形成原核,然后与卵子的原核融合形成"受精卵"。卵子接纳精子后周围便形成一层膜,以阻止其他精子的进入,这个过程就称为受精。

奇妙的受精过程如下图。

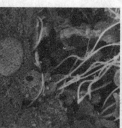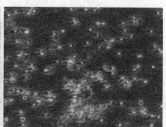

待在输卵管里成熟的卵子　　　成熟的精子　　　数以亿计的精子克服重重障碍奔向卵子

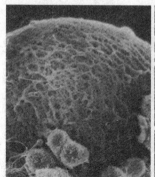

终于到达目的地——卵子　　　脱去蛋白质的保护罩"红帽子",精子头极力地钻向卵子内部,终于,一个精子钻进去了

精子脱掉尾巴,带着男性遗传因子的精核与带着女性遗传因子的卵核融合,形成受精卵,整个过程仅一日有余

据科学家的测定,大约只有10万个精子能进入输卵管,不到一千个精子才能接近卵子,而附着其上的不过一百,最后只有其中的一个进入卵子内部。

受精卵形成后,以每分钟2~3毫米的速度向子宫运行。犹如种子播种到沃土中,受精卵形成的胚胎植入子宫内膜(即"着床")后,开始了发育过程。

发 育 过 程

胚胎发育时期是一个新生命孕育的全过程,这个过程可分为三个时期:

1.第一期——胚卵期(为期两周)

第一周:自受精卵始,到形成,一周末开始植入子宫壁。

大约到第30小时,受精卵首次分裂,同时向子宫方向运行;受精卵不断分裂,至第五日到达子宫腔,此时胚胎呈桑椹样,被称为"桑椹胚"。

第二周:桑椹胚完全植入子宫壁,胎盘形成,原条出现,桑椹胚的细胞分成两组,外组分裂较快,以后这两组细胞形成内、外两胚层。

受精卵发育过程:

受精卵以几何级数迅速分裂,形成桑椹胚并移入子宫,植入子宫壁后,人的胎儿就发育起来了!

| 20小时后 | 30小时后 | 2天后 | 4天后 | 8天后桑椹胚着床 | 整个过程综合图 |

在胚胎发育的第12日,在内外胚层之间产生另一胚层,即中胚层。它们以后各自演化为:

外胚层——人的体表、脑与神经;(下左)

中胚层——骨骼、肌肉、心脏、血管和血液、结缔组织;(下右)

内胚层——消化系统、肺和气管内壁。(下中)

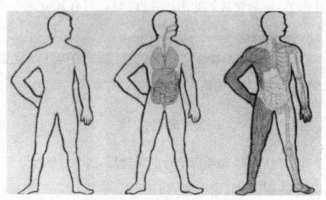

人的复杂机体来自胚胎的三胚层

2.第二期——胚胎期(自第三周至第八周)

桑椹胚进入子宫腔内后很快附着在子宫内膜上,形成"囊胚",或称"胚泡"。外胚层与子宫内膜结合的部分形成胎盘,而与内胚层结合的部分共同形成胎儿。到这时期末,胎儿基本成形,且外生殖器官萌芽。

第三周:出现体节,开始胚胎体形的形成。

第四周:胚体呈圆柱状,咽弓、心管和原肠形成,原条消失,出现尾芽。

第五周:胚体体形完全成型,肢芽出现,明显可见感觉器与咽弓。

第六周:头部比例大,出现外耳,形成脐带。

第七周:颜面形成,上肢分化出上臂、前臂和手指出现,下肢分出大腿、小腿和脚,尾渐收缩。

第八周:头抬起,脸形呈人形,背变直,外生殖器萌芽。

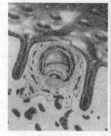 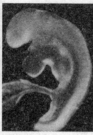 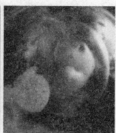 

囊胚(胚泡)　　4周　　5周　　6周

3.第三期——胎儿期(自第二个月至第九个月)

第二月:头与身体已明显可见,此时身长约2.5厘米,体重4克左右。

第三月:生长迅速,几乎成倍增长,外生殖器分化成形,可辨男女。

第四月:头部较三个月时直起,出现胎毛,有微弱胎动。

第五月:头占全身1/4,全身被胎毛,头发盖满全顶,胎动明显。

第六月:眼睑分离,出现眉毛和睫毛,皮肤有皱纹。

第七月:皮下脂肪增多,皱纹消失,神经系统基本完善,如果降生,护理得当可存活。

第八月:皮下脂肪增厚,睾丸下到阴囊。

第九月:除肩胛背部尚有少许胎毛外,其余全部消退,体形丰满,胎儿各器官均发育完善,身长50厘米左右,体重为3000~3500克,称足月胎儿,待降生。

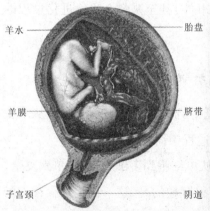
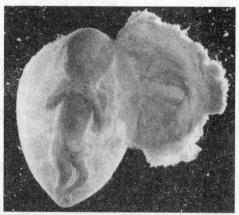

胎儿孕育于母腹(右:18周,胎盘清晰可见)

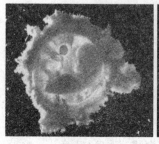

3个月　　　4个月　　　4.5个月

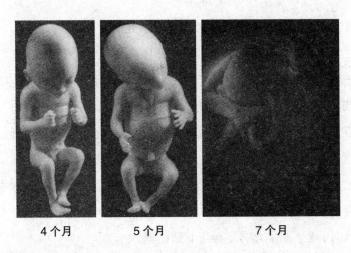

4个月   5个月   7个月

虽然我们通常说"十月怀胎",实际上怀孕期为280天,九个月多一点。应称为"九月怀胎"才确切。

在母体内的这九个多月,比起出生后几十年的人生来说,真可谓无可比拟的复杂,是十分有趣和意义重大的事件,甚至是整个生物进化过程的缩影。

个体发育重演系统发育

生物进化,由单细胞到多细胞、从低等到高等、从简单到复杂、从水生到陆生,这一进化过程在人的胚胎发育过程中简单重演。

前面我已介绍过,生物进化经历了从单细胞到多细胞、从简单到复杂、从低等到高等和从水生到陆生的历程。很有趣的是,这一进化过程在人的胚胎发育中也得到了迅速而简略的重演:

卵细胞受精后,与精子结合而成的受精卵是单细胞的生命体,相当于生物进化过程中的单细胞阶段;

受精卵的分裂与单细胞动物发展为多细胞动物阶段相似,并重演了动物由二胚层转为三胚层的过程;

早期胚胎出现体节,复演了无脊椎动物阶段;

早期胚胎还出现了脊索,很像无脊椎动物向脊椎动物的过渡——文昌鱼的身体构造；

胚胎在五周时很像鱼，四肢像鱼鳍，头部两侧出现许多"鳃沟"，很像鱼和两栖动物幼年时期用来沟通鳃和外界的裂缝——"鳃裂"，之后在头部的两侧出现眼睛，肢芽呈扇状，形态很像两栖类；

二个月的胚胎出现与两栖和爬行动物类似的尾巴，由10个左右的尾椎骨组成，到第三个月时尾巴开始消退，剩下几个尾椎骨愈合起来形成尾骨留在体内，外表就看不到尾巴了。

在人胚胎二个月时，它的大指（趾）开始与其他四指（趾）离散，大拇指（趾）与其他指（趾）的夹角，跟猴趾的夹角情况相似。

人胚胎到了五个月时已呈明显的人形，与其他哺乳动物一样，除了手掌和脚掌外，遍身开始出现毛发，最初细而浓密，叫胎毛。七个月时最为发达，之后就开始脱落，被较粗而稀疏得多的毛发所代替，这些胎毛的排列方式在一定程度上很像高等的猿类。

人体胚胎与其他动物胚胎的比较研究表明，血缘关系

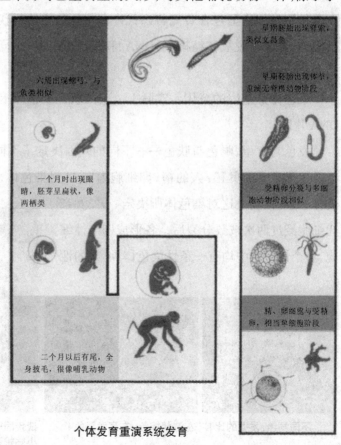

个体发育重演系统发育

愈密切,胚胎相似的时间也愈长。人与高等猿类的胚胎保持相似的时间最长,这充分说明了人类与它们有密切的血缘关系和共同的起源。

动物(包括人)的胚胎发育(个体发育)简略而迅速地重演它们历史发展的过程(系统发育),有力地支持了人类起源于动物界的理论,为探索作为动物的人之由来提供了重要线索。

第二节　遗传与性别决定

孩子为什么会像父母? 又是什么决定了生男生女? 其奥妙在于遗传。在人的生殖细胞里包含着能将亲代许多特征传递给后代的遗传因子——基因,它主要由脱氧核糖核酸(DNA)和蛋白质组成,不同的基因决定了不同的遗传性状。

染色体是基因的载体,实际上,基因就是染色体上具有遗传效应的DNA 片段。

发色与发型、眼色与肤色——不同的基因决定了不同的遗传性状。

生男生女的奥秘:人的精、卵细胞内有 23 对染色体,其中一对为性染色体,人的性别由这对染色体所决定。男、女亲代细胞经过两次减数分裂后, 各形成四个性细胞,各个性细胞中均有一条性染色体,胎儿的性

不同发色、发型的比较(左波状棕色、右直发黑色)

遗传因子决定了这个欧罗巴小姑娘亚麻色的波状发

别就看它们组合的情况而定：

男性性染色体由一条 X 型和由一条 Y 型配成对，当 X 型精子与 X 型卵子结合，便为女孩，而 Y 型精子与 X 型卵子结合，则为男孩。

遗传公式为：

X（精子）+X（卵子）=女孩（XX）

Y（精子）+X（卵子）=男孩（XY）

由此可知，生男生女的关键在于男性精子染色体的型号。

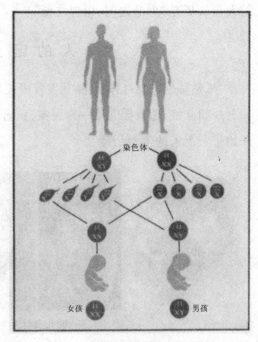

性染色体决定性别

第三节　人的生命历程

美国诗人沃尔特·惠特曼说：

别怕羞呀！女人们！你们的优势包含着一切，也包含着一切的开端。

你们是肉体的大门，也是灵魂的大门，你孕育着儿子，也孕育着女儿。

我们应以虔诚之心敬畏妇女，她们不仅是"肉体的大门，灵魂

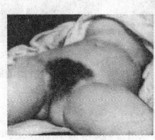

生命之门、世界之源（库尔贝 1866）

产前的孕妇

的大门",更是"生命之门、世界之源"!

人 的 诞 生

"瓜熟蒂落"。九月怀胎,胎儿发育成长足月,就会脱离母体来到人世间。

一朝分娩,随着婴儿第一声哭喊,宣告一个新的生命来到了世上,从而开始了一个人的生命历程。

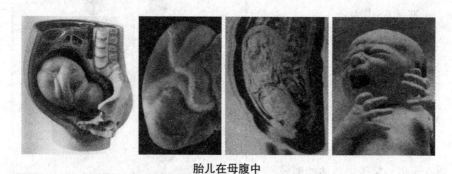

胎儿在母腹中

受精以后,受精卵着床到临产前的妇女称之为孕妇,临产的孕妇称产妇。

胎儿出生的过程(分娩)有三阶段:子宫开口期、胎儿娩出期和胎盘排出期。

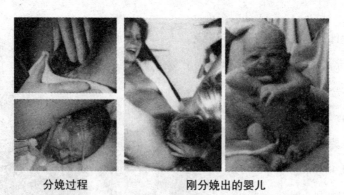

分娩过程　　　　刚分娩出的婴儿

1.第一阶段子宫开口期

是指从宫缩急剧,促使子宫颈口开始张大的时期。初产约需16小时,经产约需11小时。

2.第二阶段胎儿娩出期

是指子宫口完全张开到胎儿娩出母体外的时期。初产约需 2 小时,经产约需 45 分钟。

3.第三阶段胎盘排出期

正常情况下在胎儿娩出 5～15 分钟后,胎盘开始从子宫壁上自然脱落下来,随着子宫收缩被排出体外。

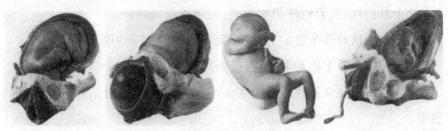

胎儿分娩的一组模型

摇 篮 时 代

胎儿出生后到一岁止为"婴儿",靠母亲甘美的乳汁哺育,处于人生的摇篮时代。新生婴儿身体的各种机能还很脆弱,对环境的适应能力也很差,不过,在很短时间内能学会不少东西。

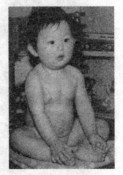

妇女在哺乳　　　　　出生 6 个月　　　　　11 个月后

1 个月:生下来就会哭,能够躺卧;

2 个月:会微笑,躺着能抬起头来;

3个月：俯卧时能用肘部支起上半身，会寻找声源；

4个月：扶着双手能坐起来，会注视玩具；

5个月：倚着东西能坐着，能抓握玩具；

6个月：扶着双手能站立，躺着会翻身；

7个月：能独立坐稳，并认识周围的亲人；

8个月：能向前向后爬，对亲人的脸色和语调有反应；

9个月：自己扶着栏杆能站起来，会叫爸爸妈妈；

10个月：扶着推车能走上几步，会用动作表达一些愿望；

11个月：牵着手能走了，会自己选择玩具玩耍；

12个月：能独立站立起来走几步，能听懂大人日常会话并表达自己的愿望。

幼 年 时 代

一般在 8 岁前是淘气的幼儿期。幼儿在这段时期是生活在一个幻想与现实交织的世界里，是一个主客观尚未明确分化的时期，是智能发育最显著的时期；也是一个人行为品德和志向的奠基时期。

少年时代

是人生将要跨入成人行列的前夕，包括少年和青春两时期。前者在 8 岁至 13 岁间。在我国，中学生 14 岁被认为是通向青春期的第一步，自后至 17 岁，即为青春期。这是一个逐渐能客观地观察和认识周围世界的时期。生长速度由慢转快，由于性激素的释放，副性征开始发育，男女身体有了明显区别。

在青春期伴随快速生长，体重增加以及心理上的情感变化。由于男孩快速生长起步较女孩晚，故男孩的生长期较长，至成年时男孩一般比女孩高。

男孩的变化：生殖器增大，出现阴毛和腋毛，面部和躯体上的毛增多，骨骼变粗，肌肉较强壮。声音低沉，喉结变大。

女孩的变化：随着乳房开始发育，出现腋毛和阴毛，并出现月经。臀部脂肪聚积。

青壮年时代

这可是人生的黄金时代，大约自 18 岁至 60 岁，这是一个精力旺盛并勇于创造的时期，能充分发挥最大潜能，为人类和社会做贡献。其间，人们恋爱而结婚，新的一代由此产生。

老 年 时 代

一般而言，人在 60 岁之后就转入生命的后期，这是人生的秋天。春华秋实，富有经验和乐于回忆是这一时期的最大特点。然而"秋风秋雨愁煞人"，很多病痛来折磨人了。随着人生秋天的结束，人完成了生命的历程后，死之冬来临，人生宣告结束。

印第安人老妇人　　维吾尔族老人　　帕米尔高原上塔吉克族一对老夫妇

人的衰老过程：据有的科学家研究认为人类平均生命为 85 岁左右，虽然有些人寿命更长，甚至超过百岁，但人体的组织、皮肤、肌肉、骨、关节、神经系统、脑、眼和耳等等，均随年岁增长而衰退，人们想尽一切方法来延缓衰老过程，我们必须以乐观的态度面对人生的结局！

在漫长的人类历史的长河中，人生是十分短暂的。然而，每个世代，每个有限的生命都可能有杰出的创造，它使人类的文明更加光彩夺目。

人生的三阶段：
幼年、壮年和老年

人类的光辉

第二章　人类的由来

第一节　人类由来的神话传说

作为生物物种的人类，自古以来流传着有关人由来的神话传说，之后转化成为宗教的教义——特创论！

圣经中的人类由来

我们是谁？最早的回答之一来自古代犹太教典《圣经》之旧约开篇，称人是由上帝所创造：上帝花了六天时间创造出世界和人类：第一天创造了光，分昼夜；第二天创造了空气，把空气叫作天；第三天创造了地和海，把地面分成水陆，并且创造了青草、蔬菜、果树等植物；第四天创造了日月星辰，分管昼夜，定节令、日子和年岁；第五天创造了水里的动物和天空中的各种飞鸟；第六天创造了牲畜、昆虫、野兽等动物，以及男人和女人。到了第七天，上帝累了，就歇息了。

那么，人究竟是怎样被造出来的呢？

上帝用七天时间创造了天地万物，最后让男人与女人生活在乐园内

上帝说：我们要照着我们的形象、按照我们的样式造人，使他们管理河里的鱼、空中的鸟、地上的牲畜和全地、并地上所爬的一切昆虫。上帝就照着自己的形象造人，乃是照着他的形象造男造女。

就这样"上帝就照着自己的形象造人"，反过来说，我们的形象就是上帝的样子啦，所以西方以圣经为题材的绘画雕塑里，上帝和众神的形象都是我们人的样子！

然而在《旧约，创世记》的第二章中，又讲了另一个内容完全不同的上帝创人的神话，它是这样说的：

创造天地的来历，在耶和华上帝造天地的日子，乃是这样：野地还没有草木，田间的蔬菜还没有长起来，因为耶和华上帝还没有降雨在地上，也没有人耕地，但有雾气从地上腾，滋润遍地。耶和华上帝用地上的尘土造人，将生气吹在他鼻孔里，他就成了有灵的活人，名叫亚当。

耶和华上帝在东方的伊甸立了一个园子，把所造的人安置在那里。耶和华上帝使各样的树从地里长出来，悦人的眼目，其上的果子好作食物。

耶和华上帝说："那人独居不好，我要为他造一个配偶帮助他。"耶和华上帝把用土造成的野地各样走兽和空中各样飞鸟都带到那人面前，看他叫什么。那人怎样叫各样的活物、那就是它的名字。那人便给一切牲畜和空中飞鸟、野地走兽都起了名，只是那人没有遇见配偶帮助他。耶和华上帝使他沉睡，他就睡了；于是取下他的一条肋骨，又把肉合起来。耶和华上帝就用那人身上所取的肋骨造成一个女人……

亚当与夏娃之创造（米开朗基罗）

后来亚当给他的妻子起名叫夏娃。在这个故事里,上帝先造了亚当,然后造果树、走兽、飞鸟,最后从亚当身上取下肋骨造了女人夏娃。你看,圣经中上帝造人竟有两个不同的说法,你相信哪个说法?

我国古代的女娲抟土造人

神祇造人的神话传说极富魅力,无论远古时代还是近代少数民族中,均有许多美丽的造人神话。在我国古籍中广为流传的有女娲抟土造人的说法,说是开天辟地之后,大地虽然长满了林木,到处有飞禽走兽,但是没有人类。天神女娲感到十分寂寞,于是挖取地上的黄土,掺水揉团,捏了一个个人形的小生命——这就是人。从此天地间有了生气。女娲希望世上到处都有人的活动,仅用泥土捏人太费事了,于是她取出一条藤,伸进泥潭搅拌,然后抽出藤,往地上一甩,溅落的泥点也变成了人。这样她就不断地往地上抛洒泥点,大地上逐渐地充满了人。

"女娲造人图",系我国著名艺术家张文新 1979 年创作

有关人之由来的神造论是个很庞杂的体系,既有宗教的(如上所述),也有哲学的。譬如,古希腊哲学家苏格拉底和柏拉图都是从神造论来阐述人的来源。苏格拉底认为,人作为世界中的一员,理所当然为神所创造,神"为了某种有用的目的给人们身体以各部分"。神给人以眼睛是让人观物;给人耳朵是为听声。更重要的是,神不以只照顾人的身体而满足,最为重

要的是在人身上安排了"灵魂",这是人的"最优秀部分"。柏拉图更进一步指出,神不是从无中创造了世界,神是以永恒不变的理念为模型和"柏拉图式的物质"结合起来,从而创造出世界万物,也就创造出了人。他们从哲学角度来推导人的神造观念。

其实原始的创世、造人神话是早期人类头脑中对周围客观世界的虚幻反映。但到了阶级社会后,统治阶级为了蒙蔽和愚弄广大劳动群众,把矛盾百出的"杂拌儿"渲染扩大,当作教义——人既然为神和上帝所创造,按照教义,人绝不允许违抗它们的旨意,这实际是统治阶级的旨意。一切现存的秩序均为上帝所安排,神圣不可侵犯。所以,上帝创人神话演变成宗教教义的"特创论"或"创世论",它紧紧地束缚着人们的思想,阻碍着社会的进步。

第二节　科学的人类起源观

人们对自身的来源,自古以来有两大观念:除了前面所说的神造观,还有自然发生观。一定的观念有一定的历史背景,并随历史进程而发展。

人的自然发生观

早期人类中流传着人是自然产生的一些故事。有一个故事说:人是从月亮落到地面上来的。还有一个故事说:一只怪鸟生了一个蛋,蛋孵化出来却是一个人,所以人最初也和鸟一样是住在树上的。从蛋里孵化出人来的故事,在我国云南省的纳西族里也有流传。纳西族古代传下来的《东巴经》《木氏宦谱》《木氏宗谱碑》里,记载有"祖先的来源",是这样说的:

人类是从天孵抱的蛋里生出来的,

人类是从地孵抱的蛋里生出来的,

它的体质还混沌不清,

它的体质渐渐温暖起来。

身体温暖变成了气,

气变成了露球,

露珠结成了六滴,

一滴落入海里,

"海失海忍"出来了。

"海失海忍"是纳西族传说的最早的一个人。在另外一种版本的《东巴经》里,还有关于各种生物都是从蛋孵化出来的故事。另外,新西兰的马尔启兹群岛那里,很古的时候就流传这样的说法:人和他的主要食物——鱼,都是从火山里喷出来的。热带地区有些部落,还流传着这样一些古老的说法:人是由池沼里产生的,或是由雨水湿透的泥土里产生的,等等。这些传说比前面提到的神话更加朴素,显然跟原始人的生活经历有关,最后一个传说就反映了当时他们的生产水平已经从渔猎进入了农业。

战国时期的思想家庄周在《庄子·至乐》篇里有一句话:"青宁生程,程生马,马生人。"青宁据说是竹根虫;程,一个说法是豹,另一个说法是獏,这句话直接提出了人类起源的问题。从这句话来看,庄周是承认变化发展的观点的,他认为由虫子可以产生出四脚动物,从四脚动物可以产生人。春秋初期的著名政治家、军事家和思想家管仲,据其言行编成的《管子》一书的《水地篇》里说:"水者何也? 万物之本原也,诸生之宗室也。"就是说水是万物的根源,生命的基础。又说水"凝蹇而为人,而九窍五虑出焉,此乃其精也。"("蹇"读jiǎn,剪音,滞涩的意思。)就是说水最为精华的部分凝结起来就形成了人,人的身心都是由水产生的。这些都是用朴素的自然发生观来解释人类起源的说法,与虚妄的特创论或神造论相对立。

科学的人类起源观

18世纪末至19世纪初,现代科学产生了。在人类起源的问题上,科学的人之由来观念强烈地冲击着虚妄的特创论或神造论,这场斗争首先由达尔文为首的生物进化学派所发动。

　　伟大的英国进化论者查尔斯·罗伯特·达尔文创立了生物进化论,科学地回答了人类起源的问题,指出人是生物进化的产物,而不是上帝的特殊创造物。当然,科学也遭到了宗教的顽强对抗。为此,不少专家学者不断投身到与创世论的抗争之中。

少年与老年时代的查尔斯·罗伯特·达尔文像

赫胥黎像(李民义创作)
进化论者赫胥黎为捍卫达尔文理论,在 1860 年 6 月 30 日与牛津大主教进行了一场论战,宣布他不以无尾猴为其祖先而羞耻

1871 年登载在英国一种杂志上的一幅讽刺画,画上一只猿向人们提出问题:"我是人类的兄弟吗?"

达尔文去世后,登载在 1882 年一份杂志上的一幅讽刺画,画上一只猴子手拿达尔文的讣告哭着:"今后谁是我们的保护者呢?"

反对者将达尔文画成树上的猩猩

随着科学的进步，"人类由来"的科学探索经历了"古典期"，即达尔文及其战友与宗教特创论的激辩时期；之后进入"古人类化石期"，以人类化石及文化遗存为主要研究对象的时期；而近代则是以遗传因子基因为主的"分子生物学或分子人类学"研究的新时期。虽然现在已进入人类起源学研究的新时代，但科学与宗教的对立，人类化石与文化遗存作为主要研究对象仍然存在、不断研究中。

人类化石与石器现在仍然是人类起源学研究的主要对象

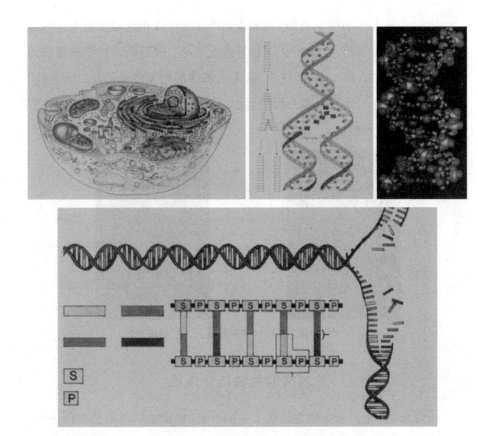

分子人类学从生物遗传物质来探索人与猿的血缘关系,研究人类的起源和演化过程。生物遗传物质主要是核酸,生物体的遗传特性主要由它决定,其中遗传信息的携带者为脱氧核糖核酸(DNA),它大部分存在于细胞核里一种叫"染色体"的丝状体内,小部分存在于"线粒体"内

第三节　达尔文论人类的由来

　　毫无疑问,世界为人类的产生做了长久的准备,因为人类起源于一连串的祖先,只要失去了其中的一环,就没有人类了。

——英国伟大的进化论者　查尔斯·达尔文《人类的由来》

达尔文从人体结构与机能、胚胎发育、遗痕器官和返祖现象等说明人与动物的密切关系，论证人是从动物界演化而来。根据当时科学所拥有的证据，他提出了"人猿共祖"的理论，认为人和猿的相似性是如此之大，表明了他们有密切的血缘关系和共同的起源，他们来自共同的远古祖先——古猿，非洲是人类的摇篮。

达尔文两部伟大著作：《物种起源》《人类的由来》

达尔文的生物进化理论

1859 年，进化论者达尔文出版了他的巨著《根据自然选择的物种起源》（简称《物种起源》）。他在该书中，基于大量无可争辩的事实指出：生物不是固定不变的，物种通过遗传与变异、生存竞争、自然选择和适者生存，引起性状分歧而进化。从而揭示了生物变化和发展的规律，科学地解释了不同物种的起源，第一次把生物学放在坚实的科学基础之上。

达尔文的生物进化理论的要点是什么呢？达尔文在总结前人经验的基础上，经过自己的潜心研究，特别是从马尔萨斯人口理论和人工选择的实践获得启发而建立起来的这一学说，其核心思想是"自然选择"。他认为，既然在农业选种和畜牧育种上起主导作用的是"人工选择"，那么自然界中生物进化的动力只有具体的自然界，即"自然选择"。

"自然选择"学说的要点为：

（1）遗传与变异。自然界中的生物普遍存在性状的变异现象，这种变异包括：常规的一定变异和稀少的不定变异。它们都是能遗传的，尤其后者，是自然选择的主要材料。

（2）生存竞争。生物个体的繁殖是按几何级数增加的，但事实上能存活的个体却不多，这是由于自然界中生物存在为生存而竞争的机制。这种竞争可以发生在同一物种内的不同个体之间，或者不同物种之间，甚至生物与外界的生活条件之间。

（3）自然选择。一方面生物在不同生活条件下发生变异，另一方面生物之间、生物与无机界之间又进行复杂的生存竞争。在这种情况下，任何有利的变异都会对竞争有利，从而获得生存机会。不利的变异则无益于竞争，反而会造成个体的消灭。这种过程叫"适者生存"，或"自然选择"——仿佛自然界在进行这种选择作用。正是通过这一过程，使得生物能更好地适应复杂的生活环境。

（4）性状分歧。生物进化就是对环境的适应。由于适应不同的生态条件或地理条件，促使物种发生分化，产生形态构造上的许多差别。这个过程反映了生物诸性状的分化，也就是"分歧"的过程。由此造成不同的新物种，生物就是这样进化的。达尔文还指出，生物进化是一个渐变的连续过程，生物起源于共同的祖先。

达尔文的这一生物进化理论把原先生物间毫无联系、神造论和不变思想赶出了生命科学领域，极大地推动了生物学的发展。

达尔文本人曾承认，对于生物遗传的规律他并不完全了解。事实上，当时的遗传学尚处于发展的古典时期，以后，近代科学对达尔文进化理论的挑战主要也还是来自遗传学进展而产生的新概念。

1871年，达尔文发表了《人类的由来与性选择》（简称《人类的由来》）一书，他在该书中运用自己有关生物进化的全套理论来研究和证明人类起源于动物，确定人类在生物界的位置，以及人和高等动物之间的血缘关系，用"自然选择"的理论来解释从动物到人的进化过程。

首先，达尔文研究了人类的变异性，肯定人类同动物一样，是具有变异能力的,而且各种变异具有遗传性,不仅身体结构、生理特点可以遗传,而且连精神和心理特征也能够遗传。

其次,他认为人类也同样受到支配生物进化的各种规律的影响。人类的形成跟其他生物一样,都是在"自然选择"的复杂影响下进行的。

他认为,人类在生存斗争中之所以能比其他动物占优势,不仅依靠自身的体质,而且还依靠自己的高度智慧和社会习惯——互助互援的道德心及合群性等。智力的发达是人类进化的重要条件,高度的智慧又促进了语言的发展,这是人类明显进步的重要因素。

接下来,达尔文用"自然选择"作为进化动力,像解释其他动物的演变一样,解释了从猿到人发展过程中所有的变化。如直立、双手、牙齿、颅骨、脑、智力以及人的智慧的各种特性等,甚至社会的各种特性、人类的社会习惯以及道德、伦理等都是自然选择的结果。

关于各人种之间的差别,如肤色、发色、脸部的形态等,不同的人种是不一样的,达尔文认为这不能用不同的生活环境条件来解释,也就是说,只用自然选择的一般规律还不能完全解释得通。他便用所谓"性选择"来补充,认为不同地区的男女审美标准不一样,通过性的选择(就是选择配偶)和遗传性,使男女性状分化逐渐明显,这就促使形成了不同的人种。

达尔文就是这样通过自然选择加上性选择,来解释人类的起源和人种的起源。

那么人类究竟是从哪里来的呢?达尔文搜集了大量的科学资料,证明人类和某些动物,特别是与猿猴类在体质结构上有相近的关系。胚胎发育也证明人起源于动物;人身上还有部分已经退化了的痕迹,叫遗痕器官,如动耳肌、第三眼睑、盲肠、尾椎骨等;还有返祖现象,如个别孩子出生的时候还留有尾巴,脸上长毛,以及个别妇女有双子宫等。达尔文根据这些事实指出,只有承认人是从动物进化来的,才能解释得通为什么人和动物有些相似的特点。

达尔文认为类人猿是哺乳动物中和人最相近的亲属,人和猿在根本上有许多相似的地方。因此,人和猿类不可能是各自单独发展来的。他推测人类来自旧大陆的某种古猿,并且谨慎地指出,这种古猿不应该和现存的类人猿相混淆,因为现存的类人猿无疑已经沿着本身的发展道路"特化"了,和人类的祖先古猿不一样了。达尔文根据1856年在法国发现的古猿化石(林猿)认为,在中新世晚期已经有比较高等的猿类从低等猿类中分化出来,因此推测人类从狭鼻猴类分化出来的时间可能是距今6000万~4000万年的所谓始新世。他还描绘了我们的直接祖先是一种古类人猿,最后得出结论:"可能世界为人类的发生做了长久的准备,这是对的,因为人类起源于一连串的祖先,这一连串的祖先中只要失去其中的一环,就没有人类了。"

经过达尔文等人的不懈努力,"人是从哪里来"的问题基本上得到了科学的解释。人是动物长期发展的产物,现代人类和现代猿类有着共同的祖先,人猿同祖已经成为无可辩驳的定论。在大量的科学事实面前,在人类起源于动物的理论面前,上帝造人说站不住脚了。达尔文从理论上把人类从上帝手里解放出来了。虽然当时证明人类起源于古猿的古生物学和古人类学方面的直接材料还不多,达尔文却相信并且预言,将来会发现这些材料的。

对达尔文理论的质疑、补充和发展

100多年过去了,达尔文的理论经受住了时间的考验。但现代科学的发展又指出了该理论的不足之处。我们在评价达尔文的理论时,首先应知道该理论体系建立之时,遗传学的研究尚未像今日这样深入,仅对染色体、基因有所认识,而对更细微的结构,如核糖核酸(RNA)、脱氧核糖核酸(DNA)还茫然不知,况且人类化石的发现尚少。直到近代,遗传学的研究才有了突飞猛进的发展,产生了"现代达尔文主义"(又称新达尔文主义)。还有,随着分子生物学的发展而产生了"中性突变学说"这一新的分子进化理论。这些新学说或是补充了达尔文理论的不足,或是对它提出了挑战。但不管怎么说,它们并非是对达尔文理论的全面否定,而是更完整地、更接近本质地丰富和完善了地球生命科学的理论。

就拿新达尔文主义来说，它又被称为"综合进化论"，它是从群体遗传学的角度对达尔文进化理论做了补充。它是以群体为单位而不像达尔文以个体为单位，来研究遗传与变异问题，它的基本论点是：生物是通过变异、选择与隔离三个相关联的环节使物种产生分化，形成亚种，然后经由亚种发展为新种的过程。该理论认为，遗传的变异有"突变"（包括遗传因子——基因的突变和基因载体——染色体的歧变）和基因的不同组合两类。由于遗传物质的变化，引起了机体外表性状（所谓"表型"）的变化，这就为生物的进化提供了丰富的材料来源。

新达尔文主义的"选择"仍然是指自然选择，它是进化的主导因素，它能导致群体的分化和发展，导致物种的分化和新种的形成。而新种的形成条件又是"隔离"——主要是空间性的地理隔离和遗传性的隔离两种。这就是阻止不同群体在自然条件下相互交配的机制，因此，就能保持不同群体各自独立地进化，可以造成表型的不一致，原来的种分歧发展，通过亚种又形成新种，从而使原来的一个群体分化。总之，新达尔文主义描绘的生物进化图像是生物表型上的进化图像，因而它发展了达尔文的进化论。但它未能在分子水平上阐述遗传机制，故仍然是不完美的。

随着分子生物学的建立与发展，这一学说的不足为另一新说"中性突变论"所克服。该理论认为：生物在分子水平上的进化是基于基因不断产生"中性突变"的结果，它也是在群体中产生的，而不像新达尔文主义所主张的突变有好有坏那样，而这种"中性突变"既无好处也无坏处。它并不受自然选择的作用，而是通过群体内个体的随机交配以及突变基因随同一些基因型固定下来或消失不见（即被淘汰掉），这个过程叫作"遗传漂变"。由于它完全不受自然选择的作用，实际上就否定了自然选择，甚至还认为生物进化与环境无关，故此理论是"非达尔文主义"的。该学说对认识物种进化的贡献在于：揭示了基因突变在分子水平上进化的特殊性，这是达尔文主义和新达尔文主义所不及的。但它最大的缺陷是解释不了"基因型"（也

就是某种可能性)怎样变成"表型"(也就是现实性)以及物种形成的原因,因此,它在解释生物进化上仍是不足的。在目前的科学条件下,它可以看成是达尔文进化论(包括新达尔文主义)的补充和发展。

除了上述在遗传学方面对达尔文理论进行补充与发展外,在物种形成方式的认识上也有所进展。不少学者认为,除了达尔文所强调的"渐变式"缓慢的连续过程外,还有"爆发式"的物种形成过程。

其实,无论遗传学的新进展也好,还是古生物学上的新发现也好,并不能因此而推翻达尔文进化论的基本论点。事实上,这些新进展和新发现也为达尔文本人当时所始料不及。科学是发展的,达尔文进化论也是发展的,我们应以历史发展的眼光来看待和评价达尔文的学说。

第三章 人是动物

我们生活的世界是一个物质的世界，它在不断地运动、变化和发展着。

物质的世界由无机物和有机物构成。生物是有生命的实体，它具有新陈代谢的机能。在漫长的进化过程中，它由简单向复杂、由低级向高级，形成了庞大的生物王国。所有的生物虽然大小有别，形状各异，但在科学上都可以将它们分门别类地进行研究。

首先，它们被确立为一个个基本单位，叫"物种"或"种"。每一物种内部的成员间都可以自由婚配，并产生有生育能力的后代，而不同物种的成员间在自然状态下却不能随便婚配，即使婚配而产生了后代，这些后代也是不育的。

血缘相近的物种拥有许多相似的特点，由此构成了较大的分类单位——"属"，由"属"一级又可构成更大的单位"科"，进一步依次为"目""纲"和"门"。有时这样的分类等级不敷应用，还有"亚""超"等次级的或超级结构，如"亚科""超科"等等。

每一种动物或植物，只要搞清楚了它所隶属的门、纲、目、科、属和种，也就搞清楚了它在自然界中的位置。

在这一章里，我将首先开宗明义地告诉你，人是动物。人是动物，这样说岂不亵渎了人类？不，我只是说出了人的本来面目。人确是个动物，你看，他的血肉之躯，他的呼吸、消化、排泄和繁殖机能，哪一点不像动物？

那么，在动物学家眼里，现代人是怎样一种动物呢？让我们来探索一下。

第一节　世上形形色色的人都属同一物种

正像对待其他动物一样,科学家们用同样的方法对人进行研究。他会这样来描述人:

身高:成年个体 1.2～2.0 米。

肤、发色:变化很大,颜色由浅淡到黑色。

毛发:除了腋毛、阴毛外,多数人身体其他部位的毛少;头发长,成年男性有胡须。

行动方式:直立行走。

食性:什食,食物有果实、蔬菜和肉类,通常熟食。

分布:全世界各地均有。

世界上所有的人,尽管有黄、白、棕、黑诸种之别,但在生物学上均属同一物种。这是不言而喻的,因为不同人种间完全可以自由联姻,所生的混血儿长大后,都具有正常的生育能力。

各色人种在生物学上均属同一物种

现代人在生物学上属同一物种,种名为"智人",拉丁文学名为 *Homosapiens*,这里 *Homo* 是属名,为"人属",*sapiens* 是种名,意为"智慧的",合起来的意思是"智慧的人",简称为"智人"。

黄皮肤的中国人、白皮肤的法国人、黑皮肤的刚果人和棕色皮肤的澳大利亚人,如果手携手漫步在天安门广场上,你不要惊讶,虽然他们在肤色和外形上有不少的差异,但在生物学上都同属一个物种——智人种。

第二节　人是脊椎动物

所有的动物可以由它们体内是否具有脊梁骨(脊柱)而分为两大类,有脊梁骨的为"脊椎动物",如鱼、蛙、蛇、鸟和狗等;不具备这一结构的叫"无脊椎动物",如蝴蝶、蜘蛛和蜗牛等。

脊椎是由许多单个的脊椎骨连在一起构成的,它是动物身体的支柱。有了它,动物的身体变得坚强有力,同时它还起着保护脊髓和内脏的作用。脊椎动物还具有另一重要特点,即它的神经系统高度发达,有脑和脊髓的分化,脑的出现可了不得,因为有了脑才有高级思维活动产生的物质基础。

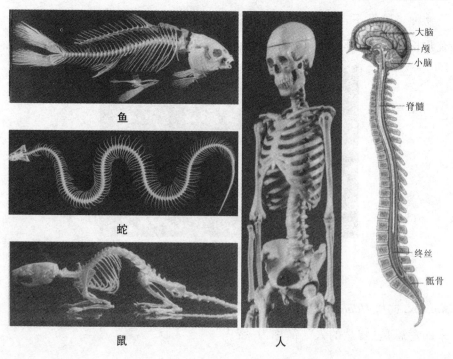

鱼

蛇

鼠　　　　人

大脑
颅
小脑
脊髓
终丝
骶骨

摸摸自己的后背就会发现,我们也有一条脊梁骨,所以人是脊椎动物。所有的脊椎动物都具有这些基本的特点,它们是由同一祖先进化而来的。所有的脊椎动物都有一条脊梁骨,它起着保护脊髓和内脏的作用。

第三节 人是哺乳动物

脊椎动物又可分为鱼类、两栖类、爬行类、鸟类和哺乳类,它们各有一些共同的特点,使一些血缘相近的动物构成相应的类别。

脊椎动物中有一类身披毛发,皮下有脂肪层和汗腺,这样就能保持恒定的体温。它们的中耳有三块分离的小听骨,即:镫骨、锤骨、砧骨。尤其是雌性个体有发达的乳腺,幼仔出生后由母体喂养乳汁,这类动物就是哺乳动物。

人不是同样具有这些特点吗?所以人也是哺乳动物。于是,人跟牛、羊、兔的血缘关系要较之跟鱼和鸟的关系近得多。

人和其他所有的哺乳动物都具有哺乳类所共有的特点,所以有共同的起源。

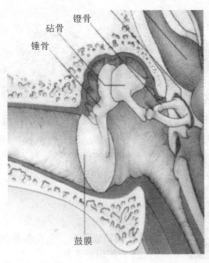

镫骨
砧骨
锤骨

鼓膜

人的中耳与其他哺乳动物一样,有三块小听骨。它们是镫骨、锤骨和砧骨

第四节　人是灵长类动物

哺乳动物又可以分为各种类别，其中有一类很特殊，它们的手指和脚趾上长的是扁甲，而不是尖爪；它们的大指（或大趾）能触及其他四指（或趾），因而具有对掌（或跖）作用。它们的上、下颌上各有四颗门齿，此外，它们还有进步的立体视觉，这类哺乳动物被称为灵长类动物。

灵长类的指和趾上有扁甲（左1、2），大拇指能与其他四指起对掌作用

狒狒张嘴可以看到上下颌各有两对门齿，人的门齿亦然

灵长类包括不少种类，有各种各样的猴和猿类。

动物学家们将灵长类划分为原猴和猿猴两大类，前者为低等的猴类，如狐猴、眼镜猴等，后者由高等的猴类，如猕猴、金丝猴、狒狒等与猿类一起组成。猿猴的特点是：身体增大，眼窝在面部的位置向两侧外移，使得视觉大为改善，颞窝被分隔开来。此外，它们有较强的探究心理和强烈的好奇心，常处于一种兴奋的、不安定状态。

看看我们自己的手指甲（趾甲），看看我们的牙齿，用手抓握些什么东西，还有那不可遏制的好奇心，愈是神秘愈要去探究的心态……不难发现，我们跟灵长类其他成员一样，没有什么差别，所以我们人也是灵长类动物，并且被列入了猿猴这一大类之中。

人跟其他灵长类动物有许多共同的特点，故有共同的起源。

关于灵长类不妨多说些：灵长类是一个庞大的家族，研究它们构成了一门学问，叫"灵长类学"。这个学科不仅研究现生的种类，也研究它们的祖先类型，主要是灵长类化石。现生种类的灵长类的分类系统最近已有了新的变动。

原先，灵长类被动物学家们最初分为：原猴（Prosimians）和猿猴（Anthropoids）两大类，前者为低等的猴类，如狐猴、眼镜猴等，甚至还包括树鼩类在内。后者由高等的猴类如狒狒、猕猴等和猿类组成，当然，人也算在内。近年来灵长类学家对灵长类家族提出了新的分类体系，它是基于分子生物学的最新资料而予以重新考虑的结果。1994 年美国的 W. A. 哈维兰所著的《文化人类学》中对下依据鼻的结构将灵长目分为两个亚目：翻鼻亚目（Strepsirhini），其下包括一个次目，即狐猴类。往下又分为三个超科、若干个科及属；常鼻亚目（Haplorhini），其下包括三个次目，即眼镜猴、阔鼻猴类和狭鼻猴类。阔鼻猴类是指美洲大陆的各种猴子，如指猴、蜘蛛猴和卷尾猴等。狭鼻猴类是指欧、亚大陆的猿猴，下分两个超科，一个为长尾猴超科，包括各种猕猴、金丝猴、狒狒等；另一个为人形超科，下有长臂猿科和人科。值得注意的是，人科中不仅有人，还将亚、非两洲的大型猿类包括在内。不过也有些学者将亚洲的褐猿另立一科，即猩猩科。新的分类体系与旧的体系区别相当大。

眼镜猴、狐猴是原猴类　　　　　金丝猴和白须叶猴都是狭鼻猴类

猿和猴类外形上有明显区别。

猴子有尾巴、臀疣和颊囊；猿类，除长臂猿有臀疣外，却没有这些特点，人与猿的接近程度远远大于与猴的接近程度。

狒狒的长尾下有明显的臀疣　　　猕猴有鼓鼓的颊囊　褐猿：我可没有这些

第五节　人也算一种猿

猿和猴类归于一大类，但在外形上猿和猴类明显区别，猴子有尾巴、颊囊，有臀疣——臀部上裸露的胼胝体。猿类（除长臂猿有臀疣外）没有猴子的这些特点，却有自身的特点：

例如，猿类的下臼齿上有许多齿尖，它们为"Y"型沟纹所分隔而来，而猴子下臼齿的齿尖呈双脊型；它们的肩胛骨不似猴子的肩胛骨那样位于肩部的两侧，而是位于背侧。

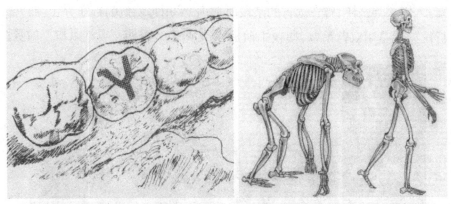

猿的下臼齿上有"Y"型沟纹　　　　人的肩胛骨与猿相同，位于肩部背侧

人跟猿类很相似，不仅表现在上述的外表特点上，还表现在体内结构上。例如，骨骼、肌肉和内脏器官的排列方式，大脑、胎盘和阑尾的特点两者都很相似。人和猿类有相似的血型，这也是其他动物（包括猴类在内）所没有的。

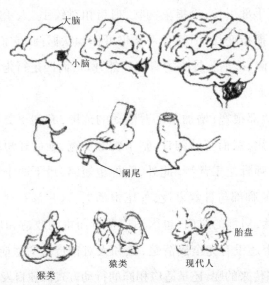

从猴类、猿类及现代人胎盘、阑尾及脑的比较可以看出猿类比猴类更接近人类：现代猿与现代人的小脑均被大脑覆盖，猴类则差异较大，尤其低等猴类的小脑未被大脑覆盖；现代猿与现代人的盲肠上均有阑尾，绝大多数猴子没有阑尾；现代猿与现代人都是单胎盘，猴类则是双胎盘

身体结构上的相似，往往反映了机能活动的相似。据有的科学家研究，人跟猿类一样，曾在远古的某段时期内，采用过相似的行动方式，即"臂行法"，就是用双臂吊荡，摆秋千似地在树丛间移动。

长臂猿的臂行

所有猿类，包括人在内，机体上都具有臂行的适应性特点，它们主要反映在颈部以下至腰部以上的部分躯体上，也反映在双臂和手的结构上。例如长长的手臂，手部引长，手指呈钩状，拇指相对较小。人手由于适应使用和操作工具，大拇指变长，但整个手掌仍可作钩状抓握。它们的上臂骨（肱骨）头部朝向内侧，接纳肱骨头的肩穴朝外开口；而四足行走的猴类的肱骨头朝向后侧，肩穴朝前。

人和猿的肩部很宽，增加了手臂活动的范围，有利于臂行。它们有长而粗壮的锁骨，短、扁而宽的胸骨，整个胸部加宽，前后径短缩。脊柱的胸段弯向内侧，肩胛骨位于背侧。此外，腰椎也短缩，最下两个腰椎与骶椎愈合。腰部变短，使胸部与骨盆靠拢，外尾也消失，这些都有利于躯干在树上吊荡行动。当然，肩部的肌肉，也因适应臂行而得到改造和加强。

现在科学上还没有完全搞清楚，猿和人对臂行法的适应性变化，究竟是从共同祖先遗传来的呢，还是适应相同的行动方式而独自发展起来的呢？

近些年来，随着分子生物学的发展，已从过去解剖生理和组织胚胎等宏观方面的研究，发展到细胞内部细微结构等微观方面的研究，甚至在分子水平上探索人与猿的血缘关系。

从分子生物学角度研究人类起源,从而产生了新的学科分支:分子人类学。根据分子人类学的新资料,科学上已拥有更多的证据,证明人与猿类确实存在密切的血缘关系。

例如,所有灵长类的血液中都有一种叫"血红蛋白"的蛋白体,它的作用是将肺部吸来的氧输送到身体各部分的组织里去。蛋白质是由氨基酸构成的,氨基酸一共有20种,不同的蛋白质由数目不等的各类氨基酸按不同顺序连接而成,这些氨基酸先连成一种链状结构,叫肽链,再由后者联结成蛋白质。

现在已知道,哺乳动物的血红蛋白是由574个氨基酸组成的4条肽链所构成的。各种灵长类动物的血红蛋白中有两种肽链,一种叫阿尔法(α)链,它的变异不算很大;另一种叫贝塔(β)链,灵长类中这条链的差异显著。然而在这条链上,人和猿的差异远不及人与猴类的差异大,表明了人与猿类密切的血缘关系。

人(上)与猿(下)血红蛋白肽链上氨基酸排列有差异,
箭头所指的地方是两种不同的氨基酸

分子人类学还从生物遗传物质来探索这种血缘关系。

生物的遗传物质主要是核酸,生物体的遗传特性主要由核酸决定,其中遗传信息的携带者为脱氧核糖核酸(DNA),DNA主要存在于细胞核里一种叫"染色体"的丝状体内。

据研究,人的体细胞有46个染色体,大猿的为48个,长臂猿的为44个。猿类的染色体数目跟人类十分接近。通过研究还发现,黑猿的DNA结构与人不同之处仅有2.5%,而猴类与人的DNA差异却达10%以上。

大型猿类与人确实相似,难怪乎被称为"类人猿",意思是"类似于人的猿"。其实,反过来说,人类与猿类有如此众多相近的特点,在某种意义上讲,人也算一种猿,也难怪在生物分类学上,人和猿类为一体,共同作为"人形超科"或"人猿超科",甚至人科中的成员。

早在一百多年前,伟大的英国进化论者达尔文,曾根据当时科学所拥有的证据,提出了"人猿共祖"的理论,认为人和猿类的相似性是如此之大,表明了他们密切的血缘关系和共同的起源,他们来自共同的远古祖先——古猿,而现代的类人猿是人类的表兄弟。现代科学的研究表明,这种理论是可信的,从生物演化的眼光看,人也算是一种猿,有些科学家称人为"裸猿"——没毛的猿,这一点儿也不过分。

第六节　现代类人猿

现代类人猿是人的表兄弟,它们之中谁与人类更接近?搞清楚这个问题,就更有利于搞清人之由来。

现代类人猿有四种,生活在亚洲南部的长臂猿、褐猿,以及生活在非洲某些地区的黑猿和大猿。

长臂猿(*Hylobates*)

长臂猿　　　　白掌长臂猿　　　　合趾猿

长臂猿是一种低等猿,身高1米左右,体重约10千克,毛色驳杂,脑量不超过 120 毫升, 纯树栖生活。长臂猿, 顾名思义, 它们的前肢很长, 可接近身长的两倍, 是施行臂行的能手, 在树枝间摆荡跃进的速度之快, 可以捕捉飞鸟。偶或下地活动时, 能直立起来, 此时双膝弯曲, 用前肢张开或高举在头顶上来维持平衡。它发出的声音犹如歌声, 委婉动听。有专家认为李白有关三峡诗中的"两岸猿声啼不住"就是长臂猿的叫声!

长臂猿广泛分布于印度支那和马来西亚地区。在我国的西双版纳和海南岛热带雨林中也有分布, 但数量极其有限。除了上述的普通长臂猿外, 还有一种第二趾和第三趾长在一起的合趾猿, 它们形体较大, 毛色黑亮, 还拥有发声时起共鸣作用的喉囊, 这种长臂猿只栖息在苏门答腊一地。

褐猿(*Pongo*)

褐猿(红毛猩猩)

这种猿类身体较大, 雄性身高可达 1.4 米, 体重为 100~120 千克, 雌性则明显小得多, 不及雄性的一半大。雄性与雌性的区别还表现在: 雄性两颊有大肉疣, 呈内凹的隆凸状; 雄性的头骨上还有发达的矢状骨脊; 成年雄性的喉囊特别大, 一直延伸到胸部, 可用它来支持沉重的头部。褐猿的脑量为 300~500 毫升。身上多毛且密, 毛色呈微红褐色(故有些人称它为"红毛猩猩")。前臂较长, 可触及脚踝处。褐猿主要在树上活动, 手脚兼用, 攀援于树丛中。下到地面时, 手指攥成拳头, 以指背着地支撑着身体, 半直立姿态行走, 脚掌以外侧部着地呈"反踵状", 行动缓慢, 很少直立。褐猿主要以果实、嫩叶为食，常用强大的臼齿来咬破坚果外壳。

褐猿现在只有一种，分布在东南亚的加里曼丹和苏门答腊地区。目前褐猿在我国已无踪影，但在地史上的更新世时期，它们曾广泛分布于我国的华南地区。

大猿(*Gorilla*)

大猿

这是身形最大的一种猿。雄性的高 1.8 米以上，最高的可达 2 米，肩宽 1 米，体重在 200 千克左右，雌性相对小些。大猿的脑量为 400~600 毫升。由于身体过于庞大，已不适应树上生活，故多数时间在地面上活动。它以半直立姿势行走，并以前肢作为支撑，以指节背面着地，像撑着拐杖似的。它可以直立起来，此时整个脚掌着地，脚趾不弯曲。有时还站起来拍打胸部，外表显得很凶猛，实际上性情是较为温和的，基本属素食性。大猿通常结成不大的群体，群体内包含着若干个家庭小群体，后者常由一只雄性带领数只雌性生活，但这种群体是临时性的。

大猿主要分布在非洲赤道地区的热带森林中，只有一个种，这个种可分成两个亚种，一个为沿海大猿或叫低地大猿，主要栖息在西非的喀麦隆和加蓬地区；另一个为高山大猿，栖息在非洲的刚果和乌干达交界处 3000 米以上的山地上。

黑猿(*Pan*)

黑猿数量最多,共有三个种。最著名的为普通黑猿,它最早为人们所知。黑猿的平均体重为50千克,身高达1.5米,雌雄两性的差异要比大猿和褐猿小得多。毛色一般呈黑色,喜欢在树上活动,能在树上构筑临时用的巢,以供晚上睡觉用。善于臂行,有时下地活动可以勉强地直立行走,但快跑时需用前肢撑地。喜群居,每群可达10只及以上,最多时有30～40只。杂食性,除素食外,常捕捉小鸟兽吃。主要分布在非洲的刚果河和尼日尔河流域热带森林中。

普通黑猿

还有一种栖息在刚果河中游东面(扎伊尔)大约2000平方千米范围内的矮种黑猿,它被称为"卑格米黑猿"(Pygmy chimpanzee,倭黑猿)。但根据近年来的研究表明,这种称号是错误的。因为实际上它们的个子并不矮,体重为25～48千克,普通黑猿为40～50千克。它们的平均身高为1.16米,平均脑量为350毫升,普通黑猿则为400毫升。它们的头小,面黑色,唇呈粉红色,眼眶狭,面部突出。脚的第二、三趾间有蹼。一般称它们为波诺波黑猿(Bonobos),这个名字是来自一个小镇的名称"Bolobo",因最初就是从这个小镇上获得其标本的。由于它们在1933年才被定名,故又被称为"最新的猿"。它们大部分时间在树上取食,有时到地面上用四足行走,50%的时间用双足行走,此时是为了携带食物和其他物品。近年来它们被科学界所看重,认为它们的许多习性可能与人类的远祖相近。

另外,还有一种"秃头黑猿",它的头上几乎没有头发。

倭黑猿又叫"波诺波",直立行走在波诺波黑猿中很普遍

揭开猿类王国的奥秘

过去,我们对这些猿类的行为、习性和群体生活的内容所知甚少,有时也被一些似是而非的传闻所迷惑,得出了一些不正确的结论。例如,认为大猿极其凶残……现在对它们的认识有了很大的转变。因为自20世纪60年代以来,一支研究野生猿类和猴类的队伍异军突起,他(她)们通过艰苦的实地考察,有时甚至生活在猿群之中,揭示了以往为人们所少知或未知的猿类群体生活的种种奥秘。这些实地考察,不仅进一步论证了人与猿类密切的亲缘关系,而且也为探索从猿到人的转变过程和人类远祖的早期生活提供了重要的线索。

在从事野生猿类生态考察的科研人员中,有一批勇敢的姑娘,她们不畏艰险,克服了重重困难,长期深入到原始丛林里,与猿群打成一片。她们以女性特有的耐性和细心,强烈而又微妙的感受性,细致入微地观察和详尽地记录科学实践的过程与重要事件,获得了珍贵的第一手资料,为揭开笼罩在猿类王国上的神秘帷幕做出了杰出的贡献。她们都是谁呢?

首推年轻的英国姑娘珍妮·古道尔。正是她开辟了这一迷人而又富有成果的野外考察生活的道路。

珍妮·古道尔

1960 年，古道尔从中学毕业后，只身进入非洲丛林，在东非的坦桑尼亚贡贝河禁猎区（现已成为贡贝河国家公园）从事对黑猿的考察活动，她的活动受到了各方面的关注和支持。

她的考察活动以黑猿的行为学为主要内容。除以猿群的整体活动为研究对象外，还对组成群体的各个成员进行了细致的观察。她所创立的"黑猿行为学"对研究人类起源具有重大的学术价值。1995 年 5 月，美国《国家地理学杂志》将最高奖——哈伯德奖章授予她。

斯特拉·布鲁尔是从事黑猿生态研究的另一位姑娘，她也是英国人。斯特拉·布鲁尔的活动与古道尔不同的是：她试图将一批人工饲养中的黑猿释放回自然界。为此，她将大自然作为特殊的实验室。她与黑猿生活在一起，教会它们如何摆脱对人类的依赖性，去适应野生状态，在野外生存下去。在这艰苦但又充满活力的实践中，她对黑猿的行为、习性与群体生活进行了深入的考察，从另一个角度揭示了黑猿生活中的许多奥秘。

布鲁尔的科学考察活动曾得到古道尔的热情支持和帮助，为了帮助她更好地从事这一活动，古道尔特地邀请布鲁尔到她的实验站见习。此外，还有意大利姑娘雷法拉带着她饲养的小黑猿加入到布鲁尔的实验中来，美国姑娘夏莱纳也参加到布鲁尔的"黑猿重返大自然"的科学活动中来。

这里要提一句的是,古道尔和布鲁尔所考察的是普通黑猿。波诺波黑猿是由日本学者加纳隆至和西田利夫自 1973 年起进行考察的。

黛安娜·福斯埃是一位美国姑娘,也是一位杰出的野外考察能手。自1967 年起,她对中非地区的山地大猿进行了实地考察。正像布鲁尔一样,她也读过古道尔的著作并到她的实验营地去考察过。她着重考察大猿的群体关系,有不少新的发现。例如,她意外地发现大猿并非人们过去所想象的那么凶残,好攻击人。恰恰相反,它们是很温和的动物,而且智商也相当高。福斯埃的野外考察报告不时地刊登在美国《国家地理学杂志》上。很不幸的是,福斯埃最后丧生在偷猎者的刀下,为保护这些可爱的大猿而献出了她宝贵的生命。

黛安娜·福斯埃,最后被偷猎者杀害身亡

亚洲褐猿生态的考察研究,是由比鲁特·加尔狄卡斯主持进行的。自1971 年起,她在印度尼西亚加里曼丹地区从事考察活动。加尔狄卡斯的研究工作是将那些从偷猎者那里没收来的褐猿,以及各地饲养的褐猿集中起来进行放养。在这种让褐猿重归森林的过程中,对褐猿的生态进行深入的考察和研究。

这些褐猿因与人类共同相处了或长或短的时间,对人为的生活已产生了一定的依赖性。要使它们抛弃已形成的习惯,去适应野生状态的生活,这恰恰是从相反的角度来认识猿类的行为和习性的极好机会。

比鲁特·加尔狄卡斯

为了展开多方面的研究,在 1978 年,她还聘请了
加里·夏庇罗来教褐猿掌握手势语。更有甚者,加尔
狄卡斯的儿子宾笛出生后,她为了对猿仔和人类儿童
发育过程中的智力与行为进行对比研究,她让宾笛与
猿仔共同生活在一起,还让他们使用手势语进行交流。

宾笛和小猩猩

在对褐猿生态的考察中,加尔狄卡斯发现了不少
过去未曾注意到的现象。例如,褐猿并非人们以往所
认为的是纯树栖性动物,它们也有不少时间是在地面
上活动,甚至有时还在地面上睡午觉。她还发现,褐猿在人为的环境中生
活的时间愈长就愈难以重返到大自然中去生活,这与布鲁尔的发现颇为相
似,这是很有意义的。

现在让我们来看看,这些野外工作的能手所取得的成果。

首先,在野生状态下观察到黑猿使用和制作工具的情况如下。

(1)"钓"蚂蚁。这是一个很著名的黑猿使用和制作"工具"的实例,最
先是由古道尔在贡贝河地区发现的。她看到黑猿利用草茎和细棍"钓"蚂
蚁,而且在必要时还会修整这些"钓具"。蚂蚁是群居的,对侵犯它们巢穴
的东西会紧紧咬住不放。黑猿利用了蚂蚁这一特性,把树枝捅进洞穴,待
它们成群咬住树枝后便抽出树枝,许多蚂蚁就这样被"钓"出来了,然后黑
猿便舔食这些"美味"。

黑猿在"取食"蚂蚁时,如果蚁穴入口大,手可以直接伸进去捕捉,它就不"钓";若手伸不进去,就用树枝来帮忙。它会用手和牙齿将树枝条上的小枝叶去掉,制成合适的"工具"。如果洞口小,用树枝不方便,则改用细的藤蔓,或将藤皮去掉再用。有时也会用去掉树皮的小枝,或者直接将树皮加工成细条状的"钓棒"。极少情况下,黑猿还会用嘴去掉椭圆形大树叶的叶肉,然后取其叶脉作为"钓棒"。

珍妮·古道尔曾观察到:黑猿先将枝条太柔软的端部折去,然后将手紧握成拳状捋去叶子,在使用过程中,不时地把已不适用的端部用牙齿咬掉。而布鲁尔观察到的情况是这样的:她看到名叫"蒂娜"的母猿折下一根细嫩的树枝,用嘴咬住一头,用手将叶子捋去,最后把留在嫩枝一端的两片叶子也去掉,这样"钓棒"就做成了。当蒂娜"钓"到蚂蚁将小枝折断时,它就揪去一节,直至不能再用时便丢掉残棒,另外做新的。一般成年黑猿使用的"钓棒"长二三十厘米。通常黑猿制作这样的"钓棒"只需不到1分钟的时间就能完成。关于"钓"蚂蚁的时间,自"钓棒"捅入洞内到取出舔食,最短2.6秒,最长15.9秒,平均为6.9秒。"钓"蚂蚁的整个过程可延续1小时以上,观察到最长的可达86分钟。

"钓"蚂蚁的行为,在地理间隔很远的黑猿群中均可观察到。古道尔还发现,小猿会观察其母亲"钓"蚂蚁的行为,并加以模仿。随着幼小黑猿的成长,其"钓"蚂蚁的行为也不断地有所进步。一般讲,黑猿3岁时开始试着使用"工具",而"钓"蚂蚁的活动也大致开始于此时。

尚未发现黑猿有利用其他"工具"来加工"钓棒"的行为,我认为此点很重要,说明这与人类会使用中介体加工工具有本质的区别。

(2)用树叶团吸水,吸附脑髓和血。黑猿使用树叶来吸取存留在树洞中水的举动,为珍妮·古道尔所发现。她看

黑猿使用木棍钓白蚁

到，当树洞较深，黑猿的嘴唇够不着水时，它会摘下一些树叶放在嘴里咀嚼，然后将树叶团吐出，用食指和中指将它夹着塞进树洞里，这个树叶团就犹如"海绵团"似的吸附树洞中的水，然后黑猿将这个"海绵团"从树洞中拿出吸吮，而且反复多次使用。

珍妮·古道尔还发现，黑猿很喜欢吃食其他动物的脑髓，有时它们会用嚼过的树叶团塞进几乎已空的脑颅腔内，以吸收残存的脑髓和血。有些学者还发现，黑猿把这种吸附着脑髓和血的树叶团咀嚼后，吐出来再交给另一只黑猿去咀嚼，就这样经过三四个黑猿连续咀嚼后，最后树叶团被吞下或扔掉。专家们认为，利用树叶团是为了延长吃食柔软食物的时间和增加味道。看来这是有意改变物体形态使其作为"工具"的又一实例。

黑猿使用树叶饮水，竟然与布须曼小孩的行为类似

（3）利用石块和树枝作为武器。珍妮·古道尔观察到，黑猿和狒狒为争夺香蕉而发生激烈的冲突时，年老的雄猿会冲着狒狒扔石头，有时手边没有合适的石头，就扔树枝甚至树叶，其他的成年雄猿也跟着采取同样的办法来对付狒狒。所有成年的雄性黑猿和大多数年轻的雄性黑猿都用投掷物体来显示它们的威力，特别是在被激怒的情况下，有的黑猿甚至会折断树枝，扛着它快跑，然后像投掷标枪那样将它投出去，有的则投掷大石块以显示其威力。

（4）利用石块和木棍砸坚果和挖昆虫。布鲁尔观察到，黑猿颇会利用"工具"砸坚果。它们拿着坚果先在树干上摔出裂缝，然后用小棍插到裂缝中，用手使劲下压，将果壳打开。在西非地区的黑猿会利用石块砸开油棕果的硬壳，还会用木棒伸进土蜂窝蘸蜂蜜吃。

黑猿用石块砸坚果

（5）利用石块和树叶来擦去身上的污垢。许多黑猿会利用树叶来擦去沾在身上的血迹、泥巴或嘴上的食物残渣，如果小猿便溺弄脏了身体，母猿会使用叶片给它擦干净。古道尔还观察到，黑猿有时将叶片贴在流血的伤口上。

但科学家们发现，无论何等聪明的猿类，它们制作和使用"工具"的行为都没有超出使用自身的器官，猿类一次也没有想到利用其他物体来加工它的"工具"。不过从黑猿"钓"蚂蚁的举动中，我们可以看到，虽然捕食昆虫（包括蚂蚁）是许多动物的习性，但是只发现黑猿有利用"工具"取食蚂蚁的能力。它们知道按蚁穴洞口的大小选择不同的方法，懂得选择工具的材料，而且知道在它们的区域内蚂蚁会在哪些树上营巢生活，熟悉哪些种类的蚂蚁有咬异物的习性。所有这一切都表明了黑猿具有一定的智力。它们"钓"蚂蚁的举动已非纯本能活动，已具有了意识的萌芽。

其次，考察还发现猿类并非纯素食者，而且猿类能协同捕猎并共享猎物。

长期以来人们误以为猿类是纯素食者，只是偶然吃一些昆虫、鸟蛋等。野外考察表明并非如此，在猿类的取食中，肉食成分也占有一定的比例。

据珍妮·古道尔的观察，在贡贝河地区一个由40多只黑猿组成的猿群的肉食"食谱"如下：各类昆虫（包括甲虫、黄蜂、五倍子虫、蚂蚁和白蚁等）、鸟卵、刚学会飞行的小鸟以及一些大动物（如幼小的林羚、非洲野猪、狒狒、黑红疣猴、红尾猴和青猴等）。这里牵涉到一个问题，即猿类捕猎究竟采取什么形式？

据观察，贡贝河地区黑猿捕捉动物时，除了采用简单地突然冲刺外，还采取追击和蹑手蹑脚地追踪两种方法。特别是蹑手蹑脚地追踪，这是有预谋并采用一些花招的捕捉方法。在这个过程中常由几只黑猿合群进行，最多时曾看到 5 只雄性黑猿一起围捕 3 只被赶上了树的狒狒。捕猎过程最后是以共同分享捕获物而告结束。分享猎物的场面很有趣，除了参与捕猎的猿会各获得一份猎物外，即使没有参加捕猎的，但在事后赶到现场的也可以抓取猎物尸体的一部分。

然而，珍妮·古道尔发现的情况并非完全如此。她说，有一次她观察到黑猿猎杀狒狒后，那个捉住狒狒的黑猿开始时并不准其他成员来分享它的猎获物，只是在它吃得差不多时，把剩下的残物朝地下一放，才允许其他猿来分享，此时其他黑猿便为争夺剩肉而厮打起来。

布鲁尔在她所考察的猿群中，也曾观察到黑猿猎取猴子的举动。据她观察，在最初的捕猎活动中，它们之间并没有什么协调的行为，只是以后才逐步学会"协同捕猎"的。

1992 年 3 月，美国《国家地理学杂志》报道了美国动物学家克里斯多夫·波伊萨在非洲考察黑猿利用工具和捕猎的最新发现。这些发现为以往所不知，黑猿不仅能收集石块用作砸坚果的槌子，而且还记得使用后放置石块的地方；母猿有时还会教授幼仔如何利用这些石槌来砸坚果。此外还拍摄到猿群捕猎分工的情况，其中有充当"杀手"的、有充当"追赶者"和"埋伏者"的，一旦遇到单个疣猴，它们就迅速扑杀，然后全体成员分而食之。

有些学者认为，黑猿合群捕猎和分享猎物的行为，不仅是为了增加肉食成分，还具有社会性意义。甚至认为这种行为出现在人类产生之前，这可能会改变有关人类起源的某些学说，即直立姿势和捕猎行为产生的前提是双手解放和工具使用的说法未必有根据。有的还提出猿类这种行为的出现，是否就是人们常常考虑的人类祖先在开阔的疏林草原上的捕猎行为？这似乎表明人类与非人类灵长类动物之间的行为差别也越来越小。

再者，考察过程中还发现：猿类并不都是惧怕火的。这个发现很重要。人征服了火，而一般动物却惧怕火。猿呢？据布鲁尔的观察，火对猿类有很大的诱惑力。猿类能意识到火的危险，因而它们会小心翼翼地接触火，避免被它烧伤。布鲁尔说，虽然她没有看到黑猿为了使火烧旺而去吹火炭，但她看到过黑猿会将火炭堆得非常合适，让火重新烧旺起来。她还发现在较凉的气候里，黑猿喜欢躺在热灰上休息。有一次，森林发生了火灾，黑猿并没有表现出特别惊慌的神态。几天以后，布鲁尔带着几只黑猿到河谷里去散步，她发现黑猿竟在树下的灰烬中寻找和捡取烧焦的荚果籽吃。

这些有趣的情节，展现了我们远祖生活的另一面——只有对火具有兴趣和乐于接近它，才能有使用火去达到某些目的的过渡。这一发现是有意义的。

此外，观察过程中最令考察者感兴趣的是猿类的群体生活。这方面的考察主要集中在猿群内的性关系上。这是因为猿类的群体生活主要反映在性关系上，动物群体中配偶形式往往对群体的组成形式、群内成员的协作关系与群体的稳固状态有着重要的影响。据珍妮·古道尔对黑猿群的观察发现，成熟的雄性黑猿留在群体内，会使雄性黑猿之间多少有着血缘关系；而群体内的雌性黑猿在发情期间则往往离开原群体加入邻近的群体中去，这样就避免了近亲繁殖的弊病。

当发情的雌性黑猿加入到某群体时，整个群体内的雄性黑猿就活跃起来了。在性关系上，雌性黑猿个体与多数雄性黑猿顺次交配，雄性黑猿之间没有为争夺对偶而发生搏斗的现象，相互之间是颇能容忍的。在雌性黑猿发情期间，它有一个十分明显的标志，即阴部的性皮肿胀、体积增大并呈粉红色，这个过程前后约10天，此时雄性黑猿常会对雌性黑猿做出种种"求爱"的表示,有时还出现带有威吓性的短暂求偶活动——实际上是一种夸耀行为。黑猿的交配时间大约维持半分钟。

在亚洲褐猿中间情况就不同了,据加尔狄卡斯的观察,褐猿在交配时是不允许另一雄性褐猿在场的。雄性褐猿常常是"强者为王",如第三者是强大的,它会驱逐已有的雄性褐猿而去占有雌性褐猿。为争偶,雄性褐猿间常发生格斗,有时颇为激烈。加尔狄卡斯在她几年的观察内,曾碰到3次雄性褐猿之间为争夺对偶而激烈地搏斗。在通常情况下,成年的雄性褐猿总是避免与其他褐猿接触,不喜集群,而是"独来独往"。雌性褐猿却经常三五成群地活动,不过持续时间并不长。据观察,曾有两头雌性褐猿各带一个幼仔共同生活了3天,这算是所记录到的最长的集群时间了。虽然未成年褐猿经常三五成群地活动,但总的说来,褐猿的合群性较差,群体关系不算密切。

至于大猿的情况有不同的观察结果。有的考察者发现:大猿的群体比较稳定,一般是由一个年长的雄性大猿领头(因其背部的长毛随年岁增大而变成灰白色,故称为"银背"),带领若干头雌性大猿和它们的后代,以及一两只年轻的雄性大猿组成一个群体。作为群的领头者——"银背",不能容忍其他雄性大猿对雌性大猿的占有权,由此,雄性大猿为保护自己的特权或争夺雌性大猿而常与其他的雄性大猿进行激烈的搏斗。与黑猿发展了其性交配的能力相比,大猿则发展了它的战斗能力。大概鉴于此,雄性大猿几乎从不出现"求爱"的现象,雌性大猿发情期只有1~2天,其性皮的肿胀程度也不明显。然而,福斯埃的观察却发现:在有的群体内,雄性大猿之间并非全是敌对性的。每个大猿群体内除了一个领头的"银背"外,在它之下还有一只或几只从属的"黑背",此外是年轻或年幼的雄性大猿和雌性大猿。"银背"有时也能容忍其他雄性大猿与雌性大猿交配。她还发现,有一群大猿竟是由5个成年雄性"光杆儿"组成的。

日本学者加纳隆至将近20年来对波诺波黑猿考察的结果披露出来,揭示了波诺波黑猿与普通黑猿有许多不同的习惯。他观察到:雌性个体率领其幼仔构成了猿群的"核心",其中为首的雌性常具有权威性,连年轻的雄性个体都服从它的支配。在性关系上,雌性处于主动地位,它能以至少20种手势和叫声来表达交配的意欲。处于青春期的雌性个体会主动地接近雄性个体,以要求与之交配。交配后还会从雄性那里取走一些食物——甘蔗。这种以物易性式的性行为在该猿群中是常见的。幼仔常模仿它亲辈的"面对面式"交配动作,这种常为人类使用的性交方式,在波诺波黑猿中却很常见,但少见于普通黑猿、褐猿和大猿中。雌性月经周期为46天,成熟后,每年几乎一半时间处于发情状态——性皮肿胀呈粉红色。它与普通黑猿一样,生殖周期为5年,但与之不同的是,在幼仔出生后的一年,雌性个体就能再行交配。

在群体内,波诺波黑猿雄性间没有争偶现象,也正是这种和平相处的气氛,使拥有百名成员的大群体能得以形成。波诺波黑猿的母子关系能保持终生,而雌性幼仔一旦长到性成熟期,就会离开原来的群体,加入到其他猿群中去。

直立行走在倭黑猿中很普遍　雌性有发达的双乳　　倭黑猿与人相似的表情

在群体的组成与性关系上,我们看到了在几种猿类间有较大的差异,无疑,这种差异反映了进化程度上的差别。雄性猿之间的相互容忍仍是构成稳定猿群的前提条件,是在生存斗争中维持强有力的群体的因素。只有稳定的群体生活,才有可能促使社会生活的发展,促使群内成员密切关系的发展。在这一点上黑猿和波诺波黑猿显示了较高的进化水平,这无疑从另一方面反映了我们远古祖先所经历的进化过程。

黑猿群体与群体之间的相互关系又如何呢? 根据珍妮·古道尔的观

察,黑猿群体都有自己的活动和取食区域,其面积在 13~21 平方千米。白天,常有一些雄性黑猿在活动区域的边界巡视,以防其他猿群的成员闯入其内。如果在巡视过程中碰到另外的猿群,若对方是群体,一般是相互对峙威胁一番,然后各自后撤了事。倘若来犯的是单身或仅是携带幼仔的雌性黑猿,巡逻者就会发动进攻,甚至杀死它们。这种"边境纠纷"似乎表明了黑猿群体与群体之间的关系并不是和睦的,而是对立的。

珍妮·古道尔在观察时曾发现一个黑猿群体在 1970 年开始发生了分裂,到 1972 年成为两个完全对立的群体。原群体占据了原活动区的北半部,分裂出来的小群体占据南半部,随后不长时间便开始发生"边境纠纷",大群体捕杀小群体成员的事件时有发生,直到 1977 年底,小群体成员被大群体彻底消灭,整个活动区域又归大群体所占据。

根据福斯埃的观察,在大猿群体之间还未发现有如此激烈的对抗现象。但群体也并非一直处于稳定,而是处于变动之中。甚至有两群体合并为一的现象,这主要是由于其中一个群体失去了雌性大猿所造成的。

在波诺波黑猿群中没有观察到像普通黑猿之间那样的情况,即某雄性黑猿杀死其他雄性黑猿的现象,也未见到那种为肉食而捕猎的现象。

猿类群体与群体之间相互关系的多样性,对探讨我们远古祖先所经历的进化过程,无疑是有参照价值的。

第七节　人跟哪种猿类系更近

在四种猿类中究竟谁与人类更接近,这是一个很有趣的问题。血缘关系越近,表明它们分化的时间越晚。科学家们常依据那些"同源结构"来判断血缘关系的远近,所谓"同源结构"是指这一结构来自同一祖先,有共同的起源,具备了它,就表明拥有者之间的关系密切。

例如,在人头骨两眉之间的骨壁内,常有一个空洞形结构,叫"额窦",

黑猿和大猿都具有这一结构,而褐猿、长臂猿以及其他灵长类均缺乏真正的额窦。在这一点上表明人与黑猿和大猿的关系,要较人与其他灵长类为近。

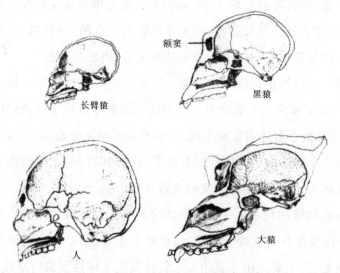

人与长臂猿、黑猿、大猿额窦的比较

再如,血红蛋白的α链也能反映些情况,α链由 141 个氨基酸构成,人和黑猿的结构是一样的,然而其他灵长类相较于人,要么氨基酸种类有所差异,要么氨基酸的排列方式有所不同,所以在这一结构上,人与黑猿的关系最近。美国分子生物学家萨里奇根据一些哺乳动物血清蛋白的资料,绘制了一张哺乳动物进化谱系树图,反映了从血清蛋白得出来的一些哺乳动物分化发展的情况,表明人与黑猿和大猿有密切的血缘关系,它们分化的时间近得多。但是,也有人在 1978 年报道,应用从狒狒身上分离出来一种病毒的核糖核酸,来测定人与猿和人与狒狒遗传物质上的差异程度,却得出不同结果:人与狒狒的差异程度跟狒狒与亚洲类人猿(褐猿)和长臂猿的差异程度相接近,而与狒狒和非洲类人猿的差异程度大不一样,以至有些研究人员认为,这一研究成果表明,人类起源的大部分过程是在亚洲大陆上进行的。

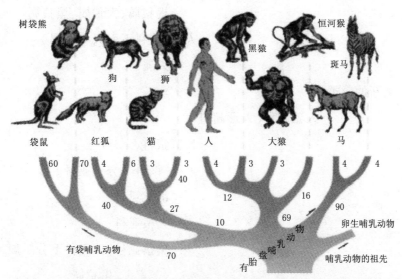

美国分子生物学家萨里奇根据一些哺乳动物资料，设计了这张哺乳动物进化谱系树图，图中数字表示血清蛋白的差异指数

不管怎么说，在科学上一般认为长臂猿与人的关系较远，褐猿次之，黑猿和大猿与人类关系较近。

黑猿和大猿中究竟又是谁跟人类关系更近呢？

前面讲过，分子人类学从生物遗传物质来探索这种血缘关系。

生物的遗传物质主要是核酸，生物体的遗传特性主要由核酸决定，其中遗传信息的携带者为脱氧核糖核酸（DNA），DNA主要存在于细胞核里的染色体之内。

据最新的科学研究表明，黑猿的DNA结构与人不同之处仅有2.5%，为与人最接近者，而猴类与人的DNA差异却达10%以上，毫无疑问，黑猿是与人血缘关系最近者，甚至还认为倭黑猿的许多习性可能与人类的远祖相近。所有这些也反映在现今的人猿超科的分类上：

旧有的分类：

　　　　人猿超科（人形超科）

　　　　　　　长臂猿科

　　　　　　　猿科（下分三属）

褐猿属、大猿属、黑猿属

人科（该科下面只有一属）

人属

最新的分类：

人猿超科（人形超科）

长臂猿科

人科（该科下分三亚科）

褐猿亚科

大猿亚科

黑猿亚科（该亚科下分二属）

黑猿属

人属

更有甚者，据2009年的最新报道，黑猿基因组国际测序小组发现，人类与黑猿的DNA"蓝图"竟有98.8%都是相同的，即两个物种间的基因组相似程度高达98.8%，进一步证明了黑猿与人类的亲缘关系最近！

从左下香蕉开始，顺时针方向依次为香蕉、鸡、家鼠、黑猿、大猿、褐猿和恒河猴与人的基因相似程度，人类各种族间为99.9%

（*What does it mean to be Human*? by R. Potts & C. Sloan 2010）

第八节　作为动物的人之由来

由以上介绍,我们看到人不是超自然的存在物,人与自然界有着血肉的联系。

人具有动物的一切基本特性,他是动物。

人有一条脊梁骨,神经系统获得充分的发展,有了脑和脊髓的分化,他是脊椎动物。

人的体温恒定,胎生,并用乳汁哺育幼儿,他是哺乳动物。

人与猿猴具有很多共同的特点,他是灵长类动物,而且人与猿的接近程度远远大于他与猴的接近程度。人和猿类共同构成了"人形超科",现代类人猿是自然界中与人类最接近的亲属,因而,现代人在自然界中的位置也就一目了然了:

界　动物

门　脊索动物

亚　门脊椎动物

纲　哺乳动物

目　灵长目

超科　人形超科

科　人科

属　人属

种　智人种

人既然是一种动物,作为动物的人,他的由来,亦即他的起源应该到动物界里去追溯。

生物进化论告诉我们,由于遗传与适应的交互作用,最初的细胞不断地进化发展,由低级向高级发展,一方面进化到最复杂的植物,另一方面进化到人,所以作为动物的人是动物界长期进化的产物。古生物学的研究揭示了由单细胞生物进化到人所经历的复杂过程。

在距今10亿~6亿年前的元古代,从单细胞的原生动物中分化出多细胞的无脊椎动物,发展到距今6亿~4.4亿年前的古生代初期,它们极为繁盛,出现了大量的较高等的类型,并从中分化出脊椎动物。

大约在距今4.4亿年前的奥陶纪,开始出现最早的脊椎动物,它们是一些像鱼的小动物,没有上、下颚,也没有成对的鳍,主要生活在水底。之后在进化过程中繁衍出许多较高级的类型,如软骨鱼和硬骨鱼类。由于它们已有了上、下颚,成对的胸、腹鳍,对取食和行动颇为有利,从此便迅速发展起来。到了距今3.5亿年前的泥盆纪,鱼类成了水域中最繁盛的动物。

在进一步的发展过程中,鱼类形成许多分支,其中一类叫总鳍鱼的,适应了环境的变化,肺囊逐步代替了鳃,成为主要的呼吸器官,偶鳍变成了四

肢,逐渐爬上了陆地,成为两栖动物。

两栖动物,像蛙、蟾蜍,只能生活在离水源不远的地方,因为它们只有在水里才能繁殖后代,所以它们不能算是真正的陆上脊椎动物。到了2.7亿年前的石炭纪时,从古老的两栖动物中分化出一支能在陆地上产卵和繁殖后代的代表,由它们产生了最早的爬行动物。

爬行动物能用羊膜卵——蛋来进行繁殖,这种"蛋"不仅能产在陆上,还可在陆上孵化,这就使它们在发育过程中摆脱了对外源性水的依赖,爬行动物从此成为陆地上的主人。

爬行动物是真正的陆上动物,一经出现便迅速分化发展,形成许多分支,在距今2.25亿年～7000万年前的中生代特别发达。尤其是其中一部分演化为各种各样的"恐龙",使地球一度成为"龙的世界"。

　　然而，爬行动物还有不足之处，就是身体内没有保持体温恒定的有效结构，只要环境的气温发生大的变化，它们只有停止活动进入休眠状态，虽然上了陆地，但它们的行动还是受到很大的限制。

　　在距今2亿多年前的三叠纪晚期，古老的爬行动物中分化出原始的哺乳动物，经过漫长的进化过程，它们获得了体温恒定、胎生和用乳汁哺育幼仔的特点，神经系统发展，产生较大较复杂的大脑半球，身体结构也变得更完善。由于具备了这一系列的优越性，到了距今7000万年前新生代开始时，哺乳动物便战胜了爬行类而迅速发展起来，成为地球上的统治生物。

　　哺乳动物的兴起，使得脊椎动物进入新的大发展阶段，许多分支产生了，而与人类起源关系最密切的灵长类动物就是其中的一支。

　　灵长类的祖先是原始的树鼩，它是从树栖的原始食虫类动物中发展来的。灵长类主要生活在热带与亚热带的森林里，在进化过程中发展了拇指与其他指对握的能力，以便于在树上攀援和执握物体。它们的视力敏锐，而且产生了双眼的立体视觉，大大提高了动作的灵活性和准确性，大脑也发达起来，这对它们的进一步发展具有重要的意义。

　　由原始的树鼩向前发展，产生了各种猴类与猿类，猴类中的低等种类为原猴类，生活在美洲大陆上，又称为新大陆猴。它们的特点是两个鼻孔

之间的鼻中隔宽阔，故得名"阔鼻猴类"，
并有36颗牙齿。猴类中的高级种类主要
生活在旧大陆上，又称为旧大陆猴。它们
具有狭的鼻中隔，故又称为"狭鼻猴类"，
有32颗牙齿，猿类亦为狭鼻类。最后在
距今一两千万年前，从古猿中分化出一支
向人类发展的支系，人类最终从中产生了。

人类的诞生

从动物进化的历史事实我们可以看到，一方面生物本身虽然代代相传，

作为动物的人是动物界长期进化的产物，经历从单细胞进化
到人所经历的复杂过程

却又因种种原因在不断地变化；另一方面环境也在变化，生物与环境始终处于有时适应，有时又不相适应的矛盾对立之中。生物必须解决与环境的矛盾才能适应下来，才能获得生存与发展，否则就会被淘汰、绝灭。生物的进化就是一个不断自行产生、自行解决矛盾的过程，是按着自然界新陈代谢的规律，在遗传和适应交互作用的推动下经过不同飞跃形式完成的。

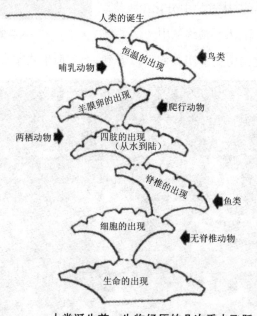

人类诞生前，生物经历的几次重大飞跃

　　达尔文在他所著的《人类的由来与性选择》中指出，人不过是生物进化的一个阶段，"可能世界为人类的发生做了长久的准备，这是不容置疑的，因为人类起源于一连串的祖先，在这一连串的祖先中，只要失去其中的一环，就没有人类了"。现代科学研究充分证明了这个看法是正确的。

第四章　人是特殊的动物

　　人虽然是从动物界分化出来的,但是他并非一般的动物。人是特殊的动物,作为特殊动物的人,除了体质特点上有其特殊性外,人还具有高度的自觉能动性,是最社会化的动物。人类意味着人类社会,人类社会是由个体的人集合而成,人既是动物界长期演化而来的,又是在人类社会的环境中成长起来的。所以,在我们谈人不仅在谈生物的人,还谈社会的人。

第一节　反映在身体结构上的人的特点

　　"人是没有羽毛的两脚动物"。

——古希腊哲学家　柏拉图

　　作为特殊动物的人,他在身体结构上,亦即体质形态上,与猿类最大的区别是什么呢?

　　一般公认的有三点:现代人具有习惯性的直立姿势和双脚直立行走的能力,吻部短缩以及大的脑量。由于吻部短缩故而面部呈扁平状。现代猿则习惯于半直立姿态和四脚(偶然两脚)行走;吻部突出,故而面部是前突的;且脑量相对要小得多。

　　人类是适应地面生活发展起来的。人的直立姿势是如何形成的,有许多解释,其中主要因素之一是适应双手操作工具所致。由于直立,引起人体许多部分,如头骨、脊柱、上下肢和骨盆等形态特征上的相应变化。

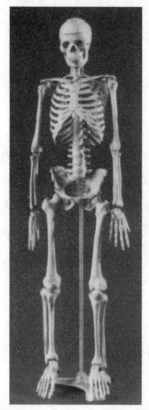

人与猿骨骼的比较

有些科学家认为工具的使用使人类在取食与御敌时,较少依赖于前列牙齿,特别是犬齿的作用减弱,故而牙齿变小,吻部短缩。在人类起源和演化过程中,人的智力随着改造自然本领的增强而提高,智力和思维活动的物质基础——大脑也逐渐增大。有的学者曾经以脑量是否达到 750 毫升作为区分人和猿的标准之一,但随着科学的发展,这一区分标准已被摒弃。

现代猿类是在古猿原有的生活习性基础上,朝向更加适应于树栖生活方式发展,从而形成了今日它固有的特点。

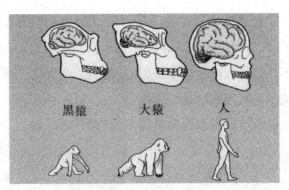

黑猿、大猿与人在吻部、脑量和行动方式方面的对比

因此,吻部短缩还是前突、直立还是半直立姿势以及脑量是大还是小,成为人和猿在体质形态上的分野标志,也是反映人的特点发展程度的标志。

此外,还有一些学者强调人体结构上另一独到的形态特征——皮肤裸露无毛(汗毛除外),这里指的是像头发那样的毛发结构。人的远祖应是有毛的,现代毛人的出现作为一种返祖现象表明了这一点。除少数(如头发、腋毛和阴毛)外,毛发在人体的体表上早已消失。事实上人体裸露无毛的特点早为前人所注意,并作为人的主要特点加以强调,例如,古希腊哲学家柏拉图提出,人是"没有羽毛的两脚动物"。达尔文在他的《人类的由来与性选择》一书中也指出:"人类和低等动物之间另一最显著的差异为人类皮肤无毛。"近代学者莫瑞斯称人为"裸猿"的说法,确实是抓住了人的形体特征之一。由于无毛,人的体质相应地又产生了其他一些变化。

人类何以无毛了,又是从何时开始脱落而去的,这是一个学术上颇有争议的问题。所以我们说,人也算是猿,是直立的"裸猿"。

第二节　制造工具是人的专有活动

"人是制造工具的动物"。

——美国哲学家、科学家　本杰明·富兰克林动物是通过自身躯体的变化,去适应变化了的环境条件以求生存。人类就不一样了,人能制造工具以延长自己的肢体,增强自己的智慧,创造自然界中原先不存在的新的生存条件,以获取更大的发展。所以,制造工具和使用工具成了人所特有的适应手段。

只有人才能有目的地制造和使用工具,进行有计划、有预期效果的生产活动,为自己制造最为广义的生活资料,这是自然界中离开了人类就不复存在的活动,它对自然界具有改造意义的反作用。所以,著名的哲学家、科学家本杰明·富兰克林称人为"制造工具的动物"。

一般动物能否制造和使用工具呢?我们可以看一看动物的情况:

蜜蜂采蜜,蚂蚁取食,河狸啃断树枝去构筑"堤坝",它们使用的"工具"只是自己的肢体和牙齿。太平洋的一个岛上,生活着一种叫达尔文莺的小啄木鸟,它会叼着仙人掌刺去掏挖藏在树洞里的虫子,有时还会用嘴折断小树枝,把树杈和叶子去掉,"加工"成小棍来代替仙人掌刺。黑猿在自然状态里会用前肢和嘴巴加工草茎和小树枝,把它捅进白蚁窝里去,等白蚁咬住细树棍时,它便拔出来舔食被"钓"出来的白蚁。这里,动物对"工具"的"加工",仅是利用它们本身的器官进行的。

达尔文莺会使用仙人掌
刺掏出树皮下的虫子吃

黑猿会用树棍钓白蚁

动物的这种"加工"和使用"工具"的行为,与人类制造和使用工具是大不一样的。人类制作劳动工具的最大特点是使用"中介体",也就是通过制造工具的工具进行的。例如,原始人用石块去敲砸另一石块,制造出适于砍砸之用的石器,这种"砍砸器",犹如斧子一样,既可直接用作狩猎的武器,也可用它去砍伐和修理树枝、木棍,制作出木质武器或工具。这里,最初用来敲砸石块制作"砍砸器"的那件石块,可称为"石锤",是中介体。已制成的砍砸器又可用来制作其他工具,也是中介体,它们都是制造工具的工具,利用它们制作工具,这就不是一般动物所能做到的了。

中介体

利用中介体制造工具　　**石器的用法**　　　　　**人使用石器制作木质武器**

此外,为适应不同的用途,人会制造出各种类型的工具,特别是发明了不少效率高、复杂的"组合工具",如矛、弓箭等。而且,制作工具的材料也是多种多样的,不仅有石块、木棒、动物的骨骼、犄角、软体动物的贝壳,后来还有金属等等。总之,人类制作和使用工具是复杂的、经常性和有规律的活动。而动物所"加工"和使用的"工具",种类极其有限,使用"工具"的活动也单一,并不是经常和有规律的,主要是一种受本能驱使的活动,即使在最好的情况下,也只带有朦胧的意识性。

人类制作和使用劳动工具,进行生产还有更大的特点,即它是一种社会性的实践活动,在这活动中发展了人类的各种社会性能,例如通过语言的交流活动和发达的思维能力,使得人类成为一个"持有理性的动物",这句话是希腊哲学家亚里士多德所说。所以,我们应看到这里说的工具,已不单纯是劳动的工具,还应包含有语言和文字这种思维与交流的工具——符号!没有"符号"这种工具,人们不可能拥有发达的思维能力,人类不可能成为"持有理性的动物"!

而且通过这种社会性的实践,人们还结成了各种相互关系,从而构成了人类社会里极其错综复杂的图景。人类摆脱了纯生物学的联合而形成复杂的社会关系,人类成为最社会化的动物。人类的发展,也就是人类社会的发展,是按它固有的规律进行的,这更是其他动物所没有的。

第三节　人与猿的本质区别

"然则人之所以为人者非特以二足而无毛也,以其有辨也"

——战国末期思想家　荀况

"人是理性的动物"

——古希腊哲学家　亚里士多德

人能制造和使用工具从事生产劳动,为自己创造新的生存条件,这些生存条件是自然界里原先根本不存在的。

人能进行复杂的思维活动,具有自我意识,并产生了自觉能动性,由此人能通过他所做的改变,力图来支配自然界,迫使自然界为自己的目的服务。

特别是人类社会出现后,人类的发展不仅获得了新的强有力的推动力,也获得了更确定的方向,使他远远超越了动物界。如果我们将人类社会与猿群作一番比较,人与动物的本质区别就更为显著了:

猿群的本质区别人类社会与	人类社会（主要讨论原始社会）	本质特性是人的社会性,人类具有自觉能动性,有自我意识	从属于社会发展的基本规律——生产力与生产关系的矛盾运动,推动新旧社会的代谢	与自然界的关系:能支配自然界,利用工具进行劳动生产,为自己创造新的生存条件
	猿群（作为自然界的一般成员）	本质特性是动物的生物性,猿类不具有自觉能动性,缺乏自我意识	从属于生物演化的基本规律——遗传与适应的交互作用,促使物种变化,推动生物界的进化	与自然界的关系:仅仅利用自然界,通过躯体本身的变化,以适应环境条件

在这里,我们可以看到,人的社会性是人的本质特性,由此而产生了人之所以区别于动物的"人性"因素;然而,人毕竟脱胎于动物界,产生于自然界,因此人的自然本性("兽性"因素)是人所摆脱不了的人的基本规定性。从这里我们可以毫不迟疑地说,人与猿的本质区别就在于后者是纯兽性的生物,而人则是高度社会性与自然属性统一于一体的特殊生物,是人性与兽性因素并存而又互相作用的生物,人类的文明程度亦即人类远离动物界的程度,取决于人性与兽性因素的比例。

人类社会既然不是一个纯生物的联合体,个人也不是纯动物。人是特殊的生物,是最社会化并富于"人性"的动物。社会性是他的根本属性。因此在他的进化过程中,不仅遵循着生物进化的规律,还有另一种更独特的进化规律在引导着他朝人的方向发展,如果没有这点,单纯按生物的进化规律发展,以动物的形式参与到生存竞争中去,他成不了人。他只有以不是动物的形式投入到竞争中去,才能最终成为不是一般动物的动物。这正是因为他拥有了为他所特有的适应手段,从而铸造了他所特有的适应方式——相对于动物的生物适应方式的人类文化适应方式。只有人才有文化,文化是指人类的全部生活方式,包括人类的行为、行为方式、行为的产物以及观念和态度。文化为人所创造,人本身也成了文化的载体。人类文化成为人类所特有的以适应千变万化的环境(在今天,环境不仅指自然环境,甚至扩大到了人类社会这种特殊形式的人为环境)的一种方式。

文化只与人和人的活动有关,是超自然的,自然界中的自然物不属于文化的范畴。文化是为人类社会全体成员所共享的。文化是以象征符号为基础的,文化中最主要的象征符号为语言——用词汇来替代实际的客观事实。因此,借助于语言,文化能为后天所学习而得,由学而知之就能代代相传下去。正因为人类拥有了文化这一适应方式,就拥有了不断发展的巨大潜力。文化更是人类智慧的结晶,不论人类社会处于什么发展阶段,不论什么形态的文化,它无不闪烁着人类心智的光芒。所以我们拥有了独特的适应手段,特别是拥有了一双奇妙的手,它已不仅是操作器官,在文化的背景上，人手成了人类智慧的刀刃。达尔文在他有关人类起源的巨著中引用了贝尔爵士的一句话："人手提供一切工具，手和智慧相一致，便使人类成为全世界的主宰。"

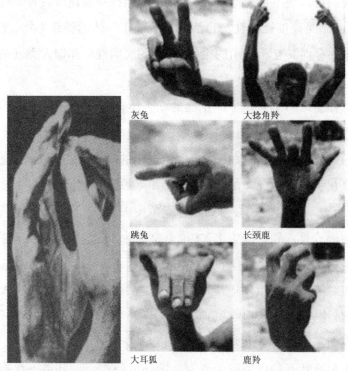

灰兔　　　　大捻角羚

跳兔　　　　长颈鹿

大耳狐　　　鹿羚

人有一双灵巧的双手，不仅能操作各种器物，还会通过手势表达内心的感情和传递各种信息。布须曼人出猎时会用手语来表示各种猎物（见上右图诸手语）

当人类祖先利用石块、木棍当作工具，成为生存必不可少的手段时，人类文化的曙光，实际上也就是人类文明的曙光就已升起。此时，人类祖先的适应已不单纯为生物性的适应，否则，他只能沿着纯动物式的进化途径去发展，到头来也是一头双足行走的肉食猿或草食猿。正因为人类文化的萌发才走上了"异途"，以后人类祖先每一技艺上的进步，都是人类超越自然，登上人类历史新的台阶的动力。人不仅创造了文化，同时也创造了人自身。劳动工具的创造和改进、用火的发现与掌握，成为旧石器时代文化上两大杰出的成就。原始人类拥有了它们,又经历了冰川这样严酷气候的磨炼,"*Homo sapiens*"——智人,终于出现在地球上。"智人"不仅是一个生物的物种,也是一个文化的物种。这里 *sapiens*——智慧的,已不只是纯生物学上的意思,智慧是文化发展的巨大动因。也正是随着这一文化物种的出现,原始艺术开始登上了人类历史的舞台。原始艺术中包含的不仅有感性的体验,更有理性的认识。浪漫的艺术与严肃的哲理交相辉映,人类文明的灿烂之花终于孕育在原始人类的生物进化与文化进化的交界上。

第五章 作为特殊动物的人之由来

人既然是特殊的动物，他的起源就不是单纯用一般动物的进化规律所能解释的。

第一节 从古猿到人的转变——两种质态的转化

从古猿到人的转变过程是一个十分复杂的过程，是两种质态，即纯生物学联合的古猿群向人类社会的漫长转化过程，对这个转变过程产生的动因和机制有很多的解释，众说纷纭。前面我介绍了达尔文关于人类由来的进化论观念，经过达尔文等人的不懈努力，人是从哪里来的问题基本上得到了科学的解释：人是动物长期发展的产物，现代人类和现代猿类有着共同的祖先，人猿同祖已经成为无可辩驳的定论。在大量的科学事实面前，上帝造人说站不住脚了，达尔文从理论上把人类从上帝手里解放出来了。现在我转向下一步，谈一谈马克思主义对达尔文理论的评价。自20世纪70年代以来，已经很少有人提及此点，甚至曾经连篇累牍宣传马克思主义劳动创人论的某权威，在其人类起源新著中竟只字不提，唯恐沾上边。这真还不如美国的博士候选人舒喜乐，她近年发表了厚厚大作，探索马克思主义劳动创人学说在中国的传播。须知马克思主义劳动创人学说曾在社会主义阵营各国广为传播，深入到意识形态的方方面面。

劳动创人论的提出

达尔文的生物进化论曾被恩格斯看作是 19 世纪自然科学的三大发现之一，他将《物种起源》一书看作是划时代的著作，认为不管这个理论在细节上还会有什么改变，但是总的来说，它现在已经把问题解答得令人再满意不过了。但同时他又指出，德国进化论学者海克尔的进化论似乎比达尔文更高明些，他认为海克尔的适应和遗传，用不着自然选择和马尔萨斯主义，也能决定全部进化过程。实际上，不管生物学和遗传学发展水平高到什么程度，生物进化的基本法则确实是遗传与适应的交互作用的过程。同时恩格斯对达尔文的人类起源理论也并非完全认同，认为在某些方面还有严重的缺陷，即达尔文学派的最富有唯物主义精神的自然科学家们还弄不清人类是怎样产生的，因为他们在唯心主义的影响下没有认识到劳动在中间所起的作用。

恩格斯为什么这样评论呢？为了解这一点，有必要先将恩格斯的理论简介如下：

是劳动而不是别的什么创造了人本身，要论证这点，首先要确认劳动是整个人类生活的第一个基本条件。恩格斯进一步指出，劳动的作用不止于此，其作用甚至达到这样的程度，以致我们在某种意义上不得不说劳动创造了人本身。

"劳动创造了人本身"，我理解有双重涵义，广义地讲，不仅指从古猿转变为人，还包括劳动对原始人类的进一步改造，乃至达到现代人的水平，这种"改造"亦属创造人本身的范畴。狭义地讲，则为劳动在从古猿到人的转变过程中的推动作用。

恩格斯详细描绘了这个转变过程：各种生物是由原生生物逐步分化产生的。人也是由分化产生的。人类双手的自由是由手和脚的分化达到的。

恩格斯在"劳动在从猿到人转变过程中的作用"一文中指出:"经过多少万年之久的努力,手和脚的分化,直立行走,最后确定下来了。"恩格斯在此文中还指出:"如果说我们遍体长毛的祖先的直立行走,一定是首先成为惯例,而后来才渐渐成为必然,那么必须有这样的前提:手在这个时期已愈来愈多地从事于其他活动了。"这里的"多少万年之久的努力""从事于其他活动"指的不是别的,主要是劳动。在劳动实践中不断获得新的技巧,双手越加灵巧,这些特点代代地遗传下去,而且代代地有所发展。所以恩格斯又进一步指出:"手不仅是劳动的器官,它还是劳动的产物。"

随着双手逐渐变得灵巧,双脚也发展得更加适应于直立行走。双手的自由和直立行走是同一过程的两个方面,互为条件、互相影响又互相制约。但是双手因劳动而自由是更重要的一个方面:手的专门化意味着工具的出现,而工具意味着人所特有的活动,意味着人对自然界进行改造的反作用,意味着生产。

此外,劳动的发展必然促使群体内部成员之间更多地互相帮助和共同协作,促使他们更紧密地结合起来,这就引起了用语言进行交往的迫切需要。为了表达思想、交流经验和代代传递所积累的经验,这些正在形成中的人,已经到了彼此间有些什么非说不可的地步了。需要产生了自己的器官。由于劳动,引起了手和脚的分化,使得人直立起来,直立解放了肺部和喉头,古猿的发音器官逐渐得到改造,有可能发出一个个清晰的音节,这就产生了语言。语言是从劳动中并和劳动一起产生出来的。

语言是思想的工具。劳动和语言又给人类思维活动的物质基础——脑髓的发达,予以强有力的推动。所以恩格斯认为首先是劳动,然后是语言和劳动一起,成了两个最主要的推动力。在它们的影响下,猿的脑髓就逐渐地变成人的脑髓。与脑髓发达的同时,视觉、听觉和触觉等感官也进一步发展起来。特别是由于在劳动过程中产生了语言,人们可以借助于词的抽象和概括来认识现实世界,反映现实世界。这样,随着手的发展,头脑也一步一步地发展起来,首先产生了对个别实际效益的条件的意识,而后来……则由此产生了对制约着这些效益的自然规律的理解。人类特有的意识活动就这样在劳动中产生了。

　　还应该特别指出：劳动、语言、意识的产生和发展，基础都离不开人类祖先的群体活动，也就是社会性的活动。在人类进化的过程中，群体关系上的社会性是实现劳动创造人本身的重要前提和保证。恩格斯进一步指出：作为一切动物中最社会化的动物的人，显然不可能从一种非社会化的最近的祖先发展而来。随着完全形成的人的出现而产生了新的因素——社会。这就是说，社会是随着人类的形成而同时形成的。随着社会的形成，恩格斯进一步提出人类社会区别于猿群的特征是劳动。恩格斯在阐明这一论点的时候，把人类与猿类及其他动物获得生活资料的方式作了对比。他指出，猿类和其他动物满足于把它们所在的地区里的食物吃光，它们都"滥用资源"。恩格斯还强调真正的劳动是从制造工具开始的。一般来说，人类的劳动都使用劳动工具，特别是人所制造的工具。正像马克思在《资本论》第 1 卷里所指出的："劳动资料的使用和创造，虽然就其萌芽状态来说已为某几种动物所固有，但是这毕竟是人类劳动过程独有的特征，所以富兰克林给人下的定义是'a toolmaking animal'，制造工具的动物。"

　　人类制造工具就是一种有目的、有意识的活动，所以人类第一次制造工具，就是人类第一次真正的劳动。正是在这样的意义上说劳动是从制造工具开始的，人类社会区别于猿群的特征是劳动。

　　恩格斯在阐述人类社会区别于猿群的特征是劳动时，不仅指出真正的劳动是从制造工具开始的，而且指出这个区别实际上体现了人和动物的本质区别。因为动物仅仅利用外部自然界，单纯地以自己的存在来使自然界改变；而人则通过他所做出的改变来使自然界为自己的目的服务，来支配自然界。这便是人同其他动物最后的本质区别，而造成这一区别的还是劳动。

　　就这样，恩格斯唯物辩证地阐述了因劳动而产生的人的分化过程。

劳动创人论与达尔文理论

恩格斯所描绘的因劳动而产生的人的分化——人类因劳动而产生的过程已如上所述。如果我们对照达尔文的理论，就会发现在主要论点上两者几乎是一致的。恩格斯认为，人类的祖先在攀援时，手从事与脚不同的活动，在转变期愈来愈多地从事其他活动，这是手的专门化过程，这意味着工具的出现，手不仅是劳动的器官，还是劳动的产物。

达尔文早在《人类的由来与性选择》一书中就提出："如果人的手和手臂解放出来，脚更稳固地站立，这对人有利的话，那么有理由相信，人类的祖先愈来愈多地两足直立行走，对他们更有利。如果手和手臂只是习惯地用来支持整个体重，或者特别适合于攀树，那么手和手臂就不能变得足够完善以制造武器或有目的地投掷石块和矛。"他又指出："我以为我们可以部分地了解他怎样取得最显著特征之一的直立姿态，没有手的使用，人类是不能在世界上达到现今这样支配地位的，他的手是如此美妙地按照他的意志进行动作。"达尔文甚至还进一步认为："手臂和手的使用，部分是直立姿势的原因，部分是其结果，这似乎以一种间接的方式导致了构造上的其他改变。"

恩格斯在"劳动在从猿到人转变过程中的作用"一文中曾提到："人类社会区别于猿群的特征又是什么呢？是劳动。"这里的劳动，按恩格斯的意见，是指真正的劳动，即是从制造工具开始的劳动。

达尔文在强调工具为人所特有的论点时，引用了阿盖尔公爵的一段话："制造适合于某一特殊目的的工具绝对只有人才能做到。"他认为："这在人类和兽类之间形成了难以计量的分歧，"并指出，"无疑这是一个很重要的区别。"

恩格斯认为猿脑变为人脑的主要推动力来自语言和劳动。达尔文也曾强调："语言的连续使用和脑的发展之间的关系无疑更加重要得多。"

恩格斯认为，没有武器的人类祖先在发展过程中必须以群体联合力量和集体行动弥补其不足。强调最社会化的动物——人,不可能从一种非社会化的最近祖先发展而来。

达尔文也曾强调:"人类的力量小,速度慢,本身不具天然的武器等,可由下列几点得到平衡而有余,……第二,他的社会性导致了他和同伴们相互帮助。"他列举了生活在充满危险的南非的桑人和生活在条件极严酷的北极的因纽特人,他们都能生存下来,就归功于他们的社会性。他还强调:"任何人都会承认人类是一种社会性动物""人类的早期类猿祖先很可能同样也是社会性的。"达尔文还指出:"原始人而且甚至人类的似猿祖先大概都是过着社会生活的,关于严格社会性的动物自然选择不时通过保存有利于群体的变异而对个体发生作用。"

由上面的对照可见,达尔文并没有抹杀工具的发明和使用(实际上已意味着"劳动")在从猿到人转变过程中的重要作用,包括人的手脚分化,手的自由使用以及语言和脑的发展的辩证关系。那为什么还是遭到了恩格斯的批评呢?

这是因为恩格斯考虑问题的角度和达尔文不一样。恩格斯在"劳动在从猿到人转变过程中的作用"一文中,首先从马克思主义政治经济学的角度批判了拉萨尔所提出的"劳动是一切财富的源泉"的论点,认为劳动只有和自然界一起才是一切财富的源泉。自然界为劳动提供材料,劳动将材料变为财富,由此引申到劳动是整个人类生活的第一基本条件,其作用甚至达到这样的程度,以致在某种意义上我们不得不说劳动创造了人本身。

虽然达尔文也谈到了工具的创造和使用在人类起源过程中的作用,但他更强调的是"心智"的作用。达尔文提及人类的力量小,速度慢,本身不具备天然武器等可用下列几点得到平衡而有余时,首先强调的是"第一,通过他的智力他为自己制造了武器、器具等,即使依然处于野蛮状态下,也能如此"。这里强调的首先是"智力"。谈到语言时,达尔文强调:"甚至最不完善的语言被使用之前,人类某些早期祖先心理能力的发展一定比任何现今生存的猿类强得多,不过我们可以确信,这种能力的连续使用及其进步,反过来又会对心理本身发生作用。"达尔文又强调:"人与动物在语言上最大的区别在于,人能将极其多的声音与观念联系在一起的能力几乎无限大。这显然取决于心理能力的高度发展。"这里的"智力""心理能力",无不是"心智"的反映。

由此,我们看到了达尔文等强调的重点所在。正因为恩格斯是从政治经济学的角度来考虑问题,强调的是人类物质生产的重要性和生产劳动的首位作用,自然会认为达尔文强调心智而看不到劳动的作用。平心而论,说达尔文看不到劳动的作用似乎有点说不过去。在达尔文有关人类的著作中就曾引用过贝尔爵士的一段话:"人手提供一切工具,手和智慧相一致使得人类成为全世界的主宰。"按字面而言,似乎人手作用在前,智慧随其后。人手提供一切工具,岂能不包括劳动工具在内?在我看来,这里劳动的作用不是首位的也是与智慧相并立的(相一致的),恩格斯的"劳动创人论"实际上是归纳了达尔文人类起源学说的要点,是在政治经济学上的再造,是政治经济学的人类起源观。相对之下,达尔文学说是生物学的人类起源观。两者出发点不一,而殊途同归。今天我们用新的视角来审视这一问题,应该看到他们理论的互补性,而不能将之对立起来。事实上,我们已经看到了人类生活的第一基本条件——劳动和人的智力的存在是互为前提的,两者的发展是互为因果的,如果只强调一方面的作用而抹杀另一方面作用,那么,人类起源的过程将不复存在。

古猿如何转变为人?

从古猿转变为人,是两种质态,即纯生物学联合的古猿群向人类社会的转化。这个转变过程是一个十分漫长的过程,是人类本身一系列特点形成的过程。人的形成,即人类社会的形成。在这过程中,人类祖先的群体关系得到了改造,不再是纯生物学的联合,而是萌芽状态的人类社会关系,人类的本质特性,即人的社会性也在形成和萌发之中。

从古猿到人的转变过程是在特定的环境里进行的。大约在距今

2000万~1000万年前,地壳曾有过较大的变动,其时世界性的造山运动很活跃,相继出现了喜马拉雅山、阿尔卑斯山、天山等山脉,在非洲则有巨大的东非断裂谷的形成。地球表面的气温也发生了显著变化,普遍变冷,到了上新世末(距今500万~300万年前),喜马拉雅山迅速上升,气候变化加剧,使得两极的寒冷气候向赤道方向延展,造成了300万年前更新世开始以来一系列冰期和间冰期的交替现象,在热带地区(如非洲)则有雨期和间雨期的交替。由之,人类的起源与演化过程是在环境与气候的不断变化中——冷热干湿的反复交替变化中逐步演变进行着。

在地形和气候巨大变化的影响下,原先热带、亚热带常绿的森林慢慢地稀疏起来,林中空地不断扩大,森林地区逐渐减少,而为疏林干草原所代替,在森林边缘地带形成许多开阔地区。

环境条件的逐渐变化,促使树栖的古猿开始向地栖生活转化。据有些科学家分析,促使古猿下地的原因是当时地面的食物要比树上丰富得多,这对古猿是有诱惑力的。另外的因素还可能是它们繁殖太多,而森林里食物有限,因此促使它们下地谋取新的发展。

地面上的食物虽多,但取食却不那么容易,而且地面上敌害多,很不安全。此时人类远祖没有锐利的爪牙,体力弱,防卫能力也不大,所以不断减少中的树林仍是它们在地面活动碰到危险时的避难所。当然不是每次都能及时躲避开的,这就迫使它们经常要与猛兽进行激烈的搏斗。

为了取食、御敌、谋取生存和发展,这已不是原有狭义动物的适应方式可以达到的,人类的祖先不得不借助于其他物体来延长自己的肢体,因此,频繁地拿起了木棒和石块,并依靠群体的力量同艰苦的环境进行生存斗争。

到地面上来生活,同时使用木棒和石块的活动逐渐成为必不可少的生存条件,这就意味着从古猿转变到人的过程开始了。

国内外许多科学家都强调,在从猿转变到人的过程中,使用工具的活动不仅可能出现在人类直立行走之前,而且这一活动还促使了人的直立姿势的发展。人类祖先使用木棒、石块之类工具的活动,是在本能活动基础上发展起来的一种强有力的特殊适应方式。通过工具对自然界发挥积极的改造作用，这实际上已是人类的萌芽形式的生产劳动活动，它的产生是人类本质特性开始萌发的标志，并受正在产生中的社会发展规律的制约。

人不是一般狭义的动物，而是有着自己固有的本质的；人不是一下摆脱纯粹动物状态而进入人的状态的。这个漫长的不同质态的转化过程就反映在新旧适应方式的交替上。

在人类起源的最初阶段，石块、木棒的使用还不是必不可少的生存手段。

布须曼人有时也用天然石块来砸坚果、用木棒挖块根

随着这种活动由偶然到经常，成为惯例，以至发展到必然，这就不仅是数量上的变化，而且导致了局部的性质变化，它表现在：

它的必要性。越到后期，天然物的使用不再是辅助性的活动，而成为赖以生存必不可少的手段。如果不使用这些"天然工具"，人类祖先在地面根本无法生存，更谈不上继续发展了。

它的多样性。不仅使用的天然物的种类和形式是多样化的，而且它的用途也是多方面的。

它的复杂性。伴随着这种使用天然物的活动，产生了人类进化过程中一系列复杂的结果,比如,不仅人类祖先躯体本身获得了改造,而且人的社会生活的各个方面也都获得了萌发和发展。尤其是新的适应方式要求它们要以一定方式结合起来,因而群体关系也得到不断改造,促使了人类社会的形成。

到了后期,随着猿脑向着人脑的转化,萌发了人的意识性,产生了原始的语言活动,萌发了人的自觉能动性。随着自觉能动性的发展,使用天然物活动的意识性和目的性不断增强,越到后期,它必然更有力地支配他们的活动。这种逐渐发展起来的明确和清晰的意识性,使正在形成中的人能更好地使用天然工具,以至达到最后向制造工具的飞跃。

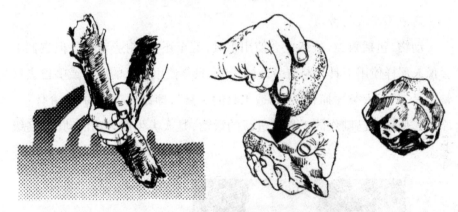

初级形态人的劳动使用"天然工具"和高级形态人的劳动使用"人造工具"

从古猿到人的转变过程以能制造工具的真正人类的出现而告结束。从这里我们也可以看到,人类制作和使用工具所进行的活动是人类生产劳动活动的"高级形态",而在从古猿到人的过渡阶段中使用天然工具的活动则是人类生产劳动活动的"初级形态"。

初级形态人的劳动

初级形态人的劳动使人类祖先对地面生活的适应更有成效,"劳动"这个适应方式的本身,是人类远祖所具有的潜能的发展产物,它随着人类自觉能动性的发展而发展,所以在某种意义上也应该承认,是人创造了劳动本身,这里所指"劳动本身"是高级形态人的劳动!

在从古猿到真正人出现的过渡阶段，人类祖先频繁使用天然工具的活动，是人类生产劳动活动的"初级形态"

高级形态人的劳动

动物，包括猿类，虽然也会使用工具，甚至还会"制造工具"，但它们不会像人那样使用工具去制造另外的工具，只会使用自己的肢体或嘴巴去修整工具，只有人类才拥有了"制造工具的工具"，即制作工具的"中介体"。原始人使用自己制作的工具所进行的活动，是人类生产劳动活动的"高级形态"。

原始人使用自己制作的工具所进行的活动，是人类生产劳动活动的"高级形态"

人特有的适应手段与方式：劳动生产

"劳动生产"是人类的社会性生产实践活动，它生产的是最为广义的生活资料，其中有许多是原先自然界中根本不存在的。它是人类祖先对外界环境的一种特殊适应方式，是必要的生存条件！

在某种意义上，应承认是"人创造了劳动本身"！

人既然是特殊的动物，他的起源就不是单纯用一般动物的进化规律所能解释的。从古猿到人的转变过程是一个十分复杂的过程，对这个转变过程产生的动因和机制，有很多的解释，众说纷纭，但尚无定论。进化论表明，遗传和适应的交互作用促使物种的变异，推动生物的进化，最后产生出人类。显然，在人类起源过程中，这个适应与遗传的交互作用有其特殊性。

适应是引起变异的主导方面，所以这种特殊性也集中表现在"适应"上。原来，这里的适应并非一般狭义动物被动性的适应，而是对自然界有着改造意义的反作用的适应，是主动性的。所谓主动性即人类远祖利用工具延长自己的肢体进行生产劳动，为自己创造生存条件。显然，劳动生产是人特有的适应手段与方式：在这过程中，主动适应所引起的变异，必定是促使古猿转变成人。

现在有两种倾向,一种是把人类的劳动过于神圣化和神秘化,将一个十分复杂的人类起源过程,仅仅归结到"劳动"这唯一因素的作用所致,而忽视其他方面因素的作用;另一种则是贬低甚至抹杀劳动在从猿到人转变过程中的作用。其实这些人都没有真正弄明白,在人类起源与发展过程中,"劳动"究竟是什么。

"劳动"是人类的社会性劳动生产实践活动,它生产的是最为广义的生活资料,其中有许多是原先自然界中根本不存在的。它是人类祖先对外界环境的一种特殊适应手段或适应方式,也是必要的生存条件。正是这种初级形态人的劳动使人类祖先对新环境的适应,特别是地面生活的适应更有成效。

适应方式不是适应本身,所以劳动本身也不是适应本身,但它的作用却造成了有利的适应效果,在人类起源过程中"劳动"与"适应"的作用实际上是一回事。"劳动"这个适应方式的本身,正是人类远祖所具有的潜能的发展产物,它随着人类自觉能动性的发展而发展。所以在某种意义上也应该承认,是人创造了劳动本身!

有些遗传学家们却有另外的考虑,认为人的遗传与适应主要取决于遗传物质的变异,也就是基因的突变。生物的遗传物质构成了一个个遗传因子——基因,基因携带着亲代的遗传信息。由于种种原因,基因能发生突变,有利的突变能使生物体很好地适应变化了的环境,而生存、发展,生物演化过程实际上是一种突变了的基因的筛选过程。劳动的作用主要在于筛选和保存有利的突变,因此,有些学者提出,是劳动选择了人,或劳动保存了人。这里牵涉到生物的遗传学,其机制也是十分复杂的。总之,关于人类起源的动因和机制的探讨实在是一个很复杂的课题。现在我们可以明了:作为特殊动物的人是生物进化规律特异性的产物。特异性就在于遗传与适应交互作用中,产生了人类祖先特殊的适应方式,即利用工具为自己创造新的生存条件。这对自然界有着积极的反作用,同时也改造了人本身。

第二节　人类的远祖

达尔文推测人类来自旧大陆的某种古猿，并且谨慎地指出，这种古猿不应该和现存的类人猿相混淆，因为现存的类人猿无疑已经沿着本身的发展道路"特化"了，和人类的祖先古猿是不一样了。

"人类的远古祖先"即"人类远祖"这是一个很含混的说法，是指哪个发展阶段、哪个时期的代表？达尔文主张人与猿有共同的祖先，这个共同的祖先——古猿，既是现代猿的、也是现代人的祖先。

我们由此往前追溯，古猿是古猴类进化来的，古猴类是我们的祖先。古猴类又是由向猴类方向进化的原始食虫类（树鼩类）进化而来，原始的食虫类亦为我们的祖先，以至追溯到最后为鱼类：哺乳类→爬行类→两栖类→鱼类。所以，生物学上至今仍有"从鱼到人"的说法。

我们亦可由共同祖先古猿往后追溯，往现代人方向发展的任何一阶段的代表也都是人的祖先。南猿是我们的祖先、猿人是我们的祖先……而且在某一地区找到我们祖先的化石，这个地方往往又被有些学者称为"人类的摇篮"。所以，我们在谈"人类的祖先"、人类的远祖等需要有一个界定，否则就会混淆，就会概念不清。

本书设想，以人与猿类共同祖先为界，包括共同祖先在内，并往前追溯到古猿猴代表，均可称之为"人类的远祖"；人与猿类共同祖先以后的直至真正人类，即人属出现之前的诸代表可谓之"人类的近祖"，它是指跨越了人与猿的分界线、进入前人范畴的代表。

我们研究人类起源最关心的是人类的近祖，即属于人科这一支系的代表，而称得上远祖的也只是包括人与类人猿的共同祖先在内的，乃至人形超科的古老成员，也就是寻找距今1500万～500万年的人形超科的化石代表。

人类祖先溯源

　　既然达尔文有关人类起源学说的核心之一是"人猿同祖论",那么人和猿的共同祖先是哪种古猿? 各种见解层出不穷,科学界曾有如此说法。

　　大约在距今7000万～6000万年前的古新世,那时是一个温暖宁静的世界。在广阔的森林地区,生活着大量的哺乳动物,它们之中有的已适应了树上的生活。以后由原始树鼩中分化出一支,逐渐进化为原猴类,其中包括以后发展为狐猴、眼镜猴类的祖先。到了距今5700万～3400万年前的始新世,这些原猴类分化了,种类也减少了。此时较高等的灵长动物崛起了,它们的眼睛移到脸的前方,发展了三维立体视觉,四肢灵巧起来,脑量也逐渐增大,它们之后进化为现代的各种猴类,包括有新大陆的阔鼻猴和旧大陆的狭鼻猴类。在进一步的进化过程中,狭鼻猴类中的某些类型逐渐适应在树间臂行方式,尾巴也失去了原有的功能并逐渐地消失了,成为原始的猿类。此时,时间已推进到距今3000万～2000万年前的渐新世和随后的中新世。这段时期的灵长动物化石主要发现于今日埃及开罗西南约96千米处一个名叫发幽姆的低地。这里发现了大量的灵长动物化石,有的为旧大陆猴类的祖先,如"渐新猿"。还有许多"林猿"(以前译为"森林古猿",也有人译为"槲猿"

的)化石,林猿化石不仅出自发幽姆低地,在亚洲、非洲和欧洲距今2500万～1200万年前的一些地层中也找到了它们的踪迹,其牙齿明显具有现代猿的特点,但脑子尚小,只相当于现代猴脑的大小。林猿群的化石中可能有现代猿的

祖先。

到了距今 1500 万～500 万年前,出现了一种较进步的后期林猿——"西瓦猿",在东非、北印和欧洲局部地区以及我国华南等地找到了它们的化石。与此同时还找到一类叫"拉玛猿"的古猿化石,曾经有一度时间将拉玛猿看作是人类的祖先,不过现在许多学者认为它们只是西瓦猿的雌性个体。自中新世的西瓦猿产生以来,它主要为地面生活的四足型猿类,但肢骨仍然带有一些攀援特点,它们主要生活在亚非两洲的森林边缘地区的疏林草原中。其中生活在东部的有些代表,由于长期的森林生活致使它们发展了臂行能力,以后进化为现代的褐猿。而在西部的有些代表中,不排除逐步进化为非洲大型猿类和人类的共同祖先,不过究竟哪些代表进化为人类,目前还缺少确切的化石证据。

下面介绍几种著名的古猿。

埃及猿,林猿的一种,发现于埃及发幽姆地区距今 2800 万年前的渐新世地层中,

曾被认作是人和猿的共同祖先,但后来找到它的尾骨,肢骨的形态表明它是四足行走的动物,原来它只是一个"带着猿牙的猴子"!

埃及猿,"带着猿牙的猴子"

林猿(森林古猿),是生存在距今 2500 万～1200 万年的一批古猿,以后绝灭了。

原康修尔猿(又称"祖黑猿"),是东非发现的一类早期古猿,可能由它们演化为非洲现代的黑猿和大猿。

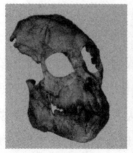

原康修尔猿头骨化石　　　　原康修尔猿复原图

　　西瓦(拉玛)猿,化石材料见于东非、北印、欧洲南部、南亚和我国华南地区,有多种类型。西瓦猿群中有褐猿的祖先,也包括一些后期绝灭了的种类,如土耳其的安卡拉猿、希腊的奥兰猿、匈牙利的鲁达猿以及中国的禄丰猿等。拉玛猿曾一度被视为人类的嫡系祖先,现已被否定,广泛而深入的研究表明,它只是西瓦猿的雌性个体。

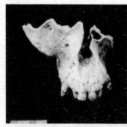

土耳其的安卡拉猿　　　　匈牙利的鲁达猿　　　　希腊的奥兰猿

巴基斯坦的西瓦猿,其头骨 GSP15000　　　　西瓦猿复原图
(左,印度种西瓦猿)1979—1980 年发
现于巴基斯坦西瓦立克山区,它的形态相
当接近现代褐猿(右)

　　2004 年，在西班牙东北部发现距今 1300 万年的猿类化石，是迄今已发现中新世猿类中最完整的骨架，骨骼形态表明它混合猿类与人类的特点，有些学认为它可能是猿与人类的最近的共同祖先，命名为佩罗拉猿（*Pierolapithecus catalaunicus*），不过其年代似乎又离人与猿最终分道扬镳的时间早了些，恐怕还不是最近的共同祖先。

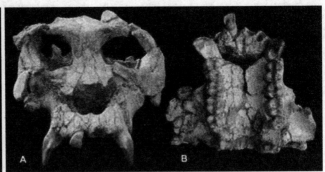

佩罗拉猿，猿与人类的最近的共同祖先

中国的古猿

　　我国是拥有众多古灵长动物化石的国家，早在 20 世纪初就已发现了许多低等的和高等的灵长动物的化石，如垣曲黄河猴、维氏狒狒、硕猕猴和巨猿等，以后有了更多的发现。

　　巨猿，这是一类体型巨大的古猿。早在 1935 年，荷兰古生物学家孔尼华在香港中药铺选购了一些"龙骨"，中间有两颗巨大的灵长类牙齿化石，被定名为"布氏巨猿"。后经美国人类学家魏敦瑞研究，认为它具有很多近似人的特点，改名为"布氏巨人"，并推论他可能是人类的祖先，提出"人类起源巨人说"。新中国成立后，经过中国科学院野外考察队的深入探查，于 1956 年找到了巨猿牙齿化石的原产地，以后又相继发现了三具较完整的下颌骨。到目前为止，已在广西、湖北、四川等地的七八个地点找到了巨猿化石，其时间自早更新世至中更新世。迄今为止所发现的材料还只限于牙齿和下颌，形态上不少性状介于人和猿类之间，由于没有找到体骨，对它的行动方式是否直立行走有不同的见解，它的分类位置至今尚有争论。有人认为巨猿是人科系统上的旁支，也有认为是猿类的一个特殊类型。但可以肯定地说，巨猿不可能是人类祖先或现代猿的直系祖先。

巨猿是否完全绝灭了呢？科学上有不同说法，一种说法认为早已完全绝灭；另外有少数人认为，很可能有少数残留了下来，地球上不少地区闹"大脚野人"，也许就是巨猿残存后代，不过，现在我以为此说法甚难成立。

巨猿洞：1956年发现于广西柳城楞寨山山腰，从中发现三具巨猿下颌骨

云南古猿，20世纪50年代，在云南开远小龙潭煤矿距今1400万年晚中新世早期的煤层中，发现两批古猿牙齿化石，被鉴定后定名为"林猿·开远种"，认为它的形态特征与印度旁遮普种林猿很接近。

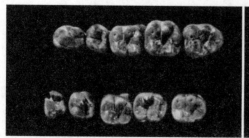

20世纪50年代在我国云南小龙潭
最初发现的古猿牙齿化石

20世纪80年代发现了上颌残块新化石

到了20世纪70年代,在云南以产恐龙化石而著名的禄丰地区发现了大量的古猿牙齿、头骨和颌骨化石,它们出自禄丰县石灰坝的褐煤层中,时代为距今1000万～800万年的晚中新世晚期,化石分为大小两型,被有些专家分列两属("西瓦猿属"和"拉玛猿属"),实为误判,而是雌雄个体而已,之后被归为"禄丰猿属"。

禄丰猿化石产地远眺

小型禄丰猿("拉玛猿")下颌骨、头骨

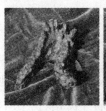

大型禄丰猿("西瓦猿")下颌骨和上颌骨

大型禄丰猿头骨,该头骨眼眶外张似南猿眶形,实为受压变形所致

新近发现的禄丰猿头骨,该头骨变形较轻,眼眶未外张,故与南猿眶形明显有别

到了 20 世纪 80 年代,在元谋盆地有了新的发现:1986 年 10 月,一位彝族女学生在元谋盆地竹棚村豹子箐洞发现一颗人猿超科的牙齿化石。科研人员闻讯而来,在化石产地又获得人猿超科牙齿 40 多颗,同时有 30 多种哺乳动物化石伴生,其中有属于上新世的种类。原研究者据此推测,距今年代不会少于 250 万年。第一颗牙被云南省地质科学研究所江能人等认为该牙齿形态上介于古猿与直立人之间,应属早期猿人,故暂定名为"能人·竹棚种"(*Homo habilis zhupengensis*),简称"竹棚猿人"。以后发现的牙化石,由于还发现被称为"石器"的石制品以及"骨器",正式公布时依据正型标本 6 颗牙齿化石定名为"东方人",并认为是迄今中国已发现的"最早的人"。

最早找到的一颗被称为"能人"的古猿牙齿

"东方人"牙齿化石与蝴蝶梁子出土的古猿牙齿(中间的齿列)相比较,在形态上非常接近,当属于同一类型的古猿

1987 年初,科研人员又在距竹棚地区 200 米远的小河村蝴蝶梁子,发现了另一批人猿超科的牙齿化石,达 119 颗之多和残破的颌骨化石,同时找到了 40 多种动物化石,根据动物群分析,原研究者认为该地点在时代上要较豹子洞箐地点早,距今年代推测在 400 万～300 万年。在正式发表的文章中,原研究者依据正型标本的上颌残块,认为其形态与"东方人"牙齿更为接近,被定名为"蝴蝶拉玛猿",代表了时代最晚,也是最接近早期人类的拉玛猿,是"东方人"的直系祖先。以后在含化石的地层中还发现一批破碎的花岗岩块,其中有一些被部分研究人员认作是"石器"。这些研究人员甚至将之称为"蝴蝶人",认为是中国最早的原始人。1988 年 3 月,在小河地区找到一具幼猿的头骨化石,原研究者认为是属于 5 岁个体的幼仔头骨。

关于元谋地区的古猿化石及其属性颇有争议。

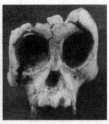

"蝴蝶拉玛猿"上颌残块，
后被改名为"蝴蝶人"　　　尚未修复（左）和已修复的幼猿头骨（右）

关于元谋古猿和"东方人"的部分化石以及所谓两地的"石器"，根据云南省古人类研究领导小组交派的任务，我于1990年12月底至1991年1月初，对与古猿化石伴生的"石器"与"骨器"进行了调查与研究。研究表明，这些所谓的"石器"和"骨器"，纯属自然营力造成的"假石器"和"假骨器"，并非人为制作的工具。

关于"东方人"的石器，均采自地表，没有一件来自地层，并不是古猿化石的伴生物。这些石器是属于晚期的制。

原研究者根据出现所谓"伴生石器"而创立的"东方人"和"蝴蝶人"，并没有考古学上的依据。更不用说这些古猿化石本身的形态特点距离人类就更远了。研究表明，所谓"东方人"牙齿化石，分明是古猿的牙齿化石，与蝴蝶梁子出土的古猿牙齿化石别无二致。

我在进一步对比研究禄丰、元谋猿的上内侧门齿与元谋人化石的形态特点时所获得的结论是：元谋和禄丰出土的古猿与亚洲猿类的关系密切。此外，我还初步观察了古猿的幼年头骨，将之与南猿和现代褐猿同等年龄的头骨相对照，它与褐猿接近程度远远大于与南猿的接近程度。这也表明云南的这些古猿化石可能有朝向现代褐猿发展的趋向，而与人类关系较远。

云南三地发现的这些古猿，在形态特征上是一脉相承的，我认为它们属同一西瓦猿属和同一云南种，它们是三个不同时代的亚种，即"西瓦猿属·云南种·开远亚种"和"禄丰亚种"及"元谋亚种"，它们可能与褐猿有密切的亲缘关系，而与人类关系较远。

"巫山猿"及其他与巨猿共生的人形超科的化石,在华南地区已发现三处与巨猿共生的人形超科化石材料,它们是湖北建始、巴东地区所谓"南猿"类型牙齿、广西柳城巨猿洞中的一段上颌残片以及四川巫山龙骨坡的一段下颌骨残片与一颗上外侧门齿化石,其实它们均是西瓦猿残存的代表,以后都绝灭了。

巫山材料系 20 世纪 80 年代在四川省巫山县龙骨坡洞穴堆积中发现,由带 MP4 和 M1 的一段下颌骨(CV1939.1)以及一上外侧门齿为代表。最初这些化石材料被归属于直立人巫山亚种,其中一枚门齿发现于 1986 年,被鉴定为上内侧门齿。1996 年学者王谦发表了巫山门齿归属问题的研究报告,根据形态特点及数据分析,王认为它很可能为晚期智人的右上外侧门齿,其形态特征与丁村人相近,又根据埋藏状况分析,该标本系后期混入。

后来美国爱荷华大学古人类学家石汉(Russell Ciochon)等介入,情况有变。1995 年,石汉联合中科院古脊椎动物与古人类研究所研究员以及其他中美研究人员,在《自然》杂志发表论文称发现了亚洲最古老的人类化石,认为巫山材料与东非发现的能人和匠人标本相近、而与亚洲直立人明显不同,比后者要原始得多。地层年代经 ESR 法测定为距今 196 万～178 万年,"巫山人"被认作为早期人类走出非洲而到达亚洲东部的代表,以后又将之归于人属中的未订种。论文发表后,石汉等人的论点引起学术界很大反响,绝大多数学者抱怀疑态度,纷纷发表文章质疑与否定,一些人类学家提出,该颌骨可能来自类似猩猩的物种。1998 年乘在国外研究云南元谋猿之便,我与艾特勒博士一起进行了"巫山人"下颌化石残块的对比研究,初步结论于当年在西雅图举行的古人类学年会上发表。以后又各自作更深入的研究,分别发表论文阐明对"巫山人"归属的看法。主要论点是巫山标本不可能是中国"能人"的代表,其古猿特征特别表现在第一下臼齿和下颌残块的体质形态上:

巫山第一下臼齿(M1)不仅与北京人而且跟匠人和能人的 M1 均有明显差异。我发现猿类的犬齿发达,上下交错,这就阻碍了下颌在咀嚼时左右方向的磨蚀，只限于前后方向磨动；加之下颌齿槽宽度稍小于上颌齿槽的宽度，下颌齿列的颊侧齿尖与上颌齿列的舌侧齿尖相咬合，因此在咀嚼时，它们的磨蚀程度要大大超过对侧的齿尖。所以猿类下颌骨经一段时间咀嚼后，其颊侧齿尖很快磨蚀暴露出齿质，而舌侧齿尖磨蚀程度小，仍保留较多的釉质，形成外（颊）侧低，内（舌）侧高的齿面结构。人类的犬齿减弱，上下犬齿并不交错，因此在咀嚼时，并不限于前后方向还能作平面磨动，颊、舌侧齿尖的磨蚀比较均匀，因此磨蚀面普遍没有一侧高、一侧低的现象，而是平的。对照巫山的 M1，它的颊侧齿尖磨蚀程度远远超过舌侧，暴露出齿质，咀嚼面外侧低而内侧高，表明它的咀嚼方式与匠人（ER992）和能人（OH7、OH13）明显不同，而跟禄丰猿、元谋猿、甚至现代猿类十分接近，故属于猿的模式。

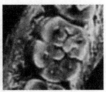

能人OH 7和匠人ER 992的 左M1　　巫山下颌残块　巫山左M1　　现代褐猿左M1

注意"巫山人"其舌侧齿尖甚为凸出和颊侧齿尖磨蚀状况，与猿类相似而与人类明显不同

巫山 M1 的齿面结构和形态与早期人类并不相似而是差异很大，从测量数据上也可看出颊、舌两侧的近中——远中径长之比，显示了巫山标本与颊侧径短于舌侧径的猿类相接近，而与两侧径长相等或颊侧径长于舌侧径的典型匠人和能人标本明显有别。

巫山下颌体残块其下颌体较薄，M1 处未见横枕结构，下颌体两侧壁几乎平坦，由上而下是平行的，只是在M1 处才由颊面处变厚，能人与匠人下颌体厚硕，而且有横枕结构，其中 ER992 和 OH7 的横枕结构甚为粗硕，甚至不亚于北京人，其厚度变异值 18.2～20.3 毫米（M1 处），巫山材料为 13.5 毫米。巫山标本下颌体较薄的这一形态特点可以追踪到禄丰古猿的下颌体上。特别是禄丰猿雌性个体（PA548），其下颌体较薄，两侧壁平坦且平行而下，与巫山标本别无二致。

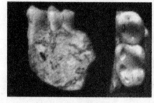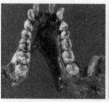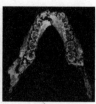

| 巫山标本 | 禄丰猿PA548下颌 | 能人OH7 | 匠人ER992 |

综上所述，巫山标本的形态特征无不表明，它与早期人类，无论能人，还是匠人，有着明显的区别，而与云南出土的古猿类明显相近，巫山的标本属于古猿，很可能是云南古猿的残存后代。如果此说不谬，"巫山人"既不是直立人，也不是接近能人或匠人的人属未订种，而是云南西瓦猿中的一个亚种。

国内外多数古人类学无不明确指出巫山龙骨坡似人下颌属于猿类。沃尔波夫等2001年在《人类演化》杂志上撰文指出，巫山的下颌碎块不是人类的，很可能代表了与云南禄丰猿有关联的华南后第三纪的猿类；至于上外侧门齿是后期混入的更新世晚期的标本。2005年在云南元谋我与石汉接触时，向他指出，他对巫山标本的鉴定有误。很有趣的，想不到之后见到一则报道：2009年6月18日，石汉在新一期《自然》杂志上发表文章，收回了原先的结论。他在文章中说，他现在认为，在中国四川省龙骨坡洞穴发现的190万年前的颌骨片段和两颗牙齿属于一种猿类。他说："1995年我们放出了一个'试探气球'，随着时间的流逝，基于新的证据，学术改变了我们的看法。"美国匹兹堡大学人类学家杰弗里·施瓦兹表示，这篇收回结论的文章"实在令人惊讶，很少有科学家说他改变了主意，这种开放性态度很好"。

除巫山材料外，还有广西柳城巨猿洞内发现的一段上颌残块，上面带有四颗牙齿，它们属低齿冠，咬合面上齿尖的磨蚀主要发生在舌侧，反映出猿类的咀嚼方式；此外，在该标本一系列形态特征上均可与云南的古猿相比较，而与早期人属代表明显不同。

柳城巨猿洞内发现的一段上颌残块（该照片系裴文中教授生前赠送于我）和禄丰猿上颌，注意它的犬齿与臼齿的猿型磨蚀方式，与人类明显不同

由此可见，所谓"蝴蝶拉玛猿""蝴蝶人""东方人""能人·竹棚种"（"竹棚猿人"）乃至"东亚人"（"巫山人"）只是研究者的美好愿望，实际上弄巧成拙，把古猿当作原始人类了，贻笑大方！

人的远祖应是"使用工具的猿"

虽然我们目前还无法说清我们的嫡系祖先究竟是哪类古猿，然而从理论上我认为还是可以推导的。

究竟哪类古猿是人和猿的共同祖先，是人类的远祖？根据对现代猿类的实地考察和原始人类遗存的考古研究，我们的远祖大概是这样的一种猿：它们身体的体质结构既不像现代人那样适应双足直立行走而特化，也不像现代猿类那样适应树上的臂行法而特化，而是中性的结构，具有更大的适应可塑性。它有时四足行走，有时半直立，偶然也能直立起来，使上肢能灵活地操作其他物体。它们的食性属杂食，其中含有部分肉食，它们能像黑猿似的采取"狩猎"的方式来获取肉食，而且有食物共享的习惯。在群体关系上，特别在性的关系上，比较"开放"，不是一雄为主拥有多位雌性并制约其他雄性，也就是说，在群内雄猿们能相互容忍而少嫉妒性，以此来维持较稳定的群体，说不定犹如波诺波猿一样，是"雌性核心"的群体关系。也如波诺波猿那样，性交方式采取面对面的方式，这可能就是以后学者们所称，面对面式性交为人类所独有的源头吧。这些远祖已不时地会使用工具来取食和防身，正因为有了这样萌芽状态的适应手段，才促使了以后往人的方向发展的可能。我们的远祖可以说是"使用工具的猿"！

倭黑猿与人相似的举动　　　　　　面对面式的性行为

第三节　两种可能的演化谱系

　　拉玛猿之所以不被有些科学家考虑为人类的嫡系祖先,还因为涉及人类演化谱系的新观念。很长时期以来,人们依据化石材料和古生物地层学推论,人类从灵长类谱系上分离出来的时间比较早,大概在距今 2000 万～1000 万年前的中新世。然而现代分子生物学的研究表明,人类从古猿群中分化出来的时间只在距今 500 万～400 万年前,这真叫人感到意外!

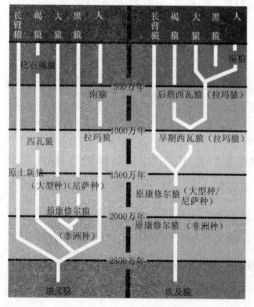

两种人类演化观念示意图:
旧的观念(左)基于古猿化石的地层记录,认为人类一支分化出的时间在距今 2000 万～1000 万年前的中新世;新的观念(右)则是根据分子人类学的研究,认为分化时间只在距今 500 万～400 万年,绝大多数学者赞同后一新观念

人类演化谱系的旧观念曾认为,大型类人猿分化的时间相当早,至少在距今2000万~1000万年前已有五个独立的古猿分支,它们与现代代表的对应关系是:

原上新猿→长臂猿

西瓦猿→褐猿

非洲种原康修尔猿→黑猿

大型种原康修尔猿→大猿

拉玛猿→人类

值得注意的是,上述中新世的猿类中没有一种显示出显著的臂行的解剖特点。如果这五条对应的谱系关系能成立的话,势必它们将平行地发展出适应臂行的特点来,看来这是难以想像的。

现在大多数专家已放弃旧观念转而接受新的观念。根据分子生物学的推算,大型类人猿在距今1100万年前与长臂猿分离;大约在距今800万~700万年前,非洲类人猿与亚洲的褐猿分离;到了距今500万~400万年前,人类一支与非洲类人猿分离而独自演化。

此外,由于人与其他猿类都具有适应臂行的相同的解剖特点,因而不少科学家认为这种高度的相似性,表明他们必定有一个比较近期的(仅有几百万年左右)共同祖先,这与分子生物学所推算的时间也是吻合的。

第四节　人怎样获得了自己特殊的身躯及习性

人类与其他灵长类的区别表现在直立行走、制作与使用工具、大脑和语言等方面,其中最重要的是直立行走,直立行走引起了我们人类特殊身躯的产生。

人为什么会直立起来呢

众说纷纭,前面已介绍的达尔文强调手的使用是造成直立姿势的原因,恩格斯强调劳动引起了手和脚的分化,直立行走最后被确定下来。除此之外还有些说法,如有的专家认为人类的祖先下到地面活动时,为了警戒猛兽的袭击,它们不得不在高高的草丛里站立起来,以便及时发现猛兽而躲避。久而久之,人就直立了起来(警戒说)。英国利物浦工学院脊椎动物心理学与进化论讲师惠勒在《新科学家》周刊上撰文说,早期人类从森林走向较为开阔的平原时,会遭到阳光强烈的照射和较高的气温的袭击,人无法用呼气的方式来降低体温,而且巨大而脆弱的大脑会因体温升高 1~2℃而受伤。然而当人站立起来时,体表受阳光照射的面积会大大减少,这是保持头部凉快很有效的方式。所以,他认为直立是源于保持头部凉快免于中暑,而非为解放手臂之故(保持头部凉快说,见下图)。

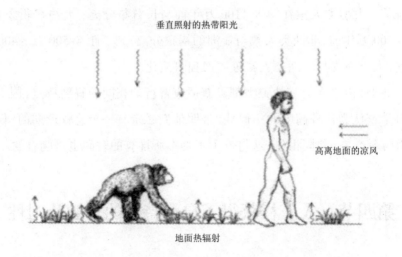

垂直照射的热带阳光

高离地面的凉风

地面热辐射

还有一种理论颇为特别,即"水生论",认为人的祖先曾一度在水中生活,由此造就了人体一系列特殊的形态与机能,包括直立姿势在内。这一理论之所以出现,是由于人体上有很多形态特征与机能难以用陆上进化方式来解释。这些特征有:裸露光滑的皮肤,皮下脂肪层很厚;残存的体毛排列方式呈流线型;人类性器官的特殊形状与位置;人是唯一会哭的动物,且泪水中含有盐分,等等。故而 1960 年英国海洋生物学家哈第提出了"水生论"。认为在晚中新世或早上新世时，生活在非洲海岸的一群古猿因严重干旱而被隔离，为了逃避猛兽的袭击和便于觅食就转入水中生活。在生活方式剧烈变化所产生的强大进化压力下，在相对短的时间内，人类祖先获得了一系列为现代人类所拥有的上述那些特点。尤其在水中生活为了抬起头在水面上呼吸，同时在水中还要踩水，这就使躯体直立起来。动物适应水中生活最普遍的特征之一是无毛，人的无毛正是水中生活的结果。由于在水中潜游，残存的毛发排列方式呈流线型，连人体本身也呈流线型。"水生论"为不少学者所接受和推崇。澳大利亚曾拍摄过一部"水中婴儿"的电视片，也用作"水生论"的例证，即那些尚不会走路的婴儿，在水中却行动自如，仿佛水中是他们的故乡一般。

"水生论"是近些年来发展起来的一种新理论，很新颖，但需要慎重对待。

在我看来，人类直立姿势的形成主要还是由于工具的使用所致。人类祖先下地后，由于地面生活的需要，上、下肢分工日益固定，上肢因频繁使用天然物，逐渐从支撑功能中解放出来，成为专门从事劳动操作的器官——手与上肢，在手逐渐灵巧的同时，下肢也成为主要支撑和移动身体的器官。双手的大拇指不断变长，而大趾却因适应地面行走逐渐短缩，并向其他四趾靠拢，其他趾也相应短缩，脚底形成富有弹性的足弓，并有坚固发达的后跟，整个下肢增强、加长，发展成为人的双腿和脚。

直立姿势对人类骨盆的影响和改造作用最大

骨盆由左右两髋骨和背侧的骶椎构成，每块髋骨又由髂骨、耻骨和坐骨三部分组成。人类中新世的远祖主要是用四足行走的，如果把一具适应于四足行走的骨盆，由水平状态单纯地抬升90°，同时附着于骨盆和腿上的肌肉也随着位移变成直立状态的话，那是不会有效地行动的，除非有重大的变化才行。

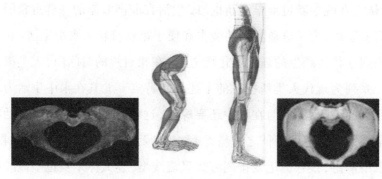

猿与人下肢和骨盆的比较

在人类起源过程中,由适于四足行走的骨盆改变为适于双脚直立行走的骨盆,根据美国体质人类学家克兰茨教授的研究和分析,大致有如下的步骤。

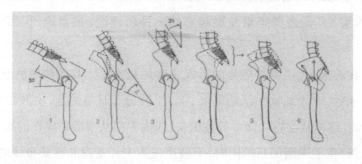

(1)水平状态的整个骨盆抬升30°,虽然还保留四足行走的能力,但已能部分地直立。

(2)骨盆上部(即髂骨部分)变成圆锥状,背部(即骶椎部分)抬升另一个30°。

(3)与骶椎相接的腰椎部分向后弯,抬升最后一个30°。

(4)为了直立时臀部不至前翻,骶椎位置后移到臀部上方,与此同时,骨盆上部的髂骨部分有很大的扩展,这样使骨盆具备了人类骨盆特有的基本形态。

(5)直立行走时体重是由一腿传递到另一腿的,为了避免直立行走时臀部向两侧倾倒,髂骨变短、加宽,扇形的臀大肌从两侧牢牢地保持身体的直立状态。

(6)整个骨盆变短变宽,骶椎也随之变宽,以防止骨盆下部离散。

短宽强壮的人类骨盆不仅与四足行走类的骨盆有区别,而且与猿类半直立状态狭长的骨盆也有显著的区别。

直立不仅使运动器官发生变化,而且对身体结构的其他方面也产生一系列深刻的影响。例如,直立了,头部挺起来不再前倾,头骨枕大孔位置由后逐渐前移;直立了,内脏器官的排列方式改变,大部分重量不再压在腹壁上,而是朝下压在骨盆上;直立了,身体重心不断下移,脊柱逐渐形成了"S"形弯曲。直立还解放了喉头和肺部,为发出清晰的音节提供了必要的生理条件。

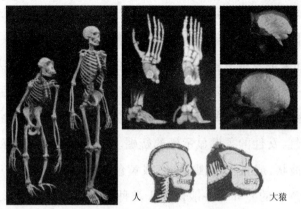

现代人与大猿的骨骼、足骨、脑以及骨盆和头骨的比较

双手因操作天然物进行初级形态的生产劳动,促使了直立的发展,而直立又反过来进一步解放了双手。以后又产生了语言,在这两方面因素的推动下,思维活动大大地发展起来,思维活动的物质基础——大脑也发达起来,脑量增加了,脑的内部结构也发生了深刻变化,猿脑逐渐变为人脑,直立的影响是如此深远,可见一斑!

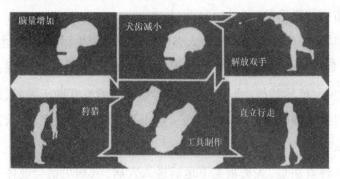

人类体毛的消失无疑是一个饶有兴趣的课题

据推测，人类祖先应该是有毛的，而在现代除去个别民族或返祖现象出现体毛外，为什么大多数人都失去了体毛呢？

从人体体质特点遵循构造与机能相适应的原则来看，人体体毛的消失应是一种适应性的变化。哺乳动物的毛被即毛发被覆物的功能，一是保持身体恒温的调温器官；二是作为身体上的一种保护层，保护机体免受外界环境中不良因素的侵害，如过强的阳光照射、风雨的袭击和虫子的叮咬等等。然而，如果毛发很脏就会遭到寄生虫的滋生。还有一种功能，它来自性的方面——性的吸引，是两性交往中的"性征"：雄狮的鬃毛显示它的威武，雄性大猿背上银灰色的毛显示它的成熟和权威，人类男性的胡须显示它的阳刚之气，女性的秀发显示她的妩媚。为什么不同人种有不同的发型与毛发？或波状，或直状，或螺旋状，或黄色，或黑色，或棕色……连体毛的多寡也有种族上的差异。一般认为人类种族体质上特征的形成跟适应环境条件有关。而体毛的消失呢？它的消失似乎对人体是一个损失，一个不小的损失。专家们认为不仅要从人与环境的关系，与生活方式的变更相联系，还应从人文性质——特别是早期人类的审美观——尤其在两性交往中的审美观、审美意识联系起来考虑。

这里得说明一下，所谓裸露"无毛"并不包括人类体表上的胎毛和身上的汗毛。前者在胎儿出生前已脱落，很少能带到出生后依然保留。后者是与汗腺结构相联系的。

按照"水生论"的看法，认为人类的祖先在水中生活时，要潜水找食，久而久之，如同现生的水生哺乳动物那样褪去体毛，但头部因要保持在水面之上，故头发依然如故。水生论者认为，毛被的消失有助于潜游，而背上汗毛的流向也就顺水流方向而产生了。这也算是一种说法吧，但未被多数学者所承认。

另一种看法是，人类祖先下地后进入穴居，穴居生活会使体毛招致各种寄生虫,引起瘟疫。甚至下地后杂食,食物杂乱会使毛发结块变脏,容易引起疾病。所以毛被渐渐地消失了,同时也消除了部分疾病的隐患。这是一种因环境改变为防病所致的消毛说。

也有些学者认为,自从人类学会用火之后,体毛在身上成为累赘,毛被的消失不仅便于烤火,而在白天也更能对付高温了;也有些学者认为衣着的发明取代了毛被的作用,这可谓用火着衣致使毛褪之说。以上都是从适应环境和生理变化来考虑毛被消失的原因。严格地讲,毛被的消失并不比保留毛被对人体所产生的优越性大,因此还有一种不以适应环境为由,而是以原始人群内部的交往,特别是性伙伴关系的需要来解释的。

一种解释是以脱毛作为同类的识别标志,作为一种"信号",这种说法似乎太牵强了。

另一种解释是作为"性征"、性的感受,受性选择的作用而产生,是异性相互审美要求而导致的结果。这种性感上的审美价值,不仅有外表的观感,还有实体上触觉的感受。光滑的皮肤较之多毛的皮肤更能激起性的吸引力,光滑的肌肤相触摸会使双方性冲动更加敏感,也更增加性的乐趣,这种说法就带有人类特有的文化性质了。

这种解释在达尔文关于人类起源的著作中有详细的探讨。他不仅将动物的性选择延伸到人类,还辅以现代少数民族中妇女不喜欢多毛男子,更愿与少毛的男子结合的例子来说明这点。类似的性选择例子还出现在非洲科伊桑(霍屯督)民族中,他们以女性的臀部肥大并向后耸起为美,所谓"肥臀"(steatopygia),并择之为配偶。还有太平洋中汤加岛妇女以肥为美,而产生肥胖无度的体型,亦是这种性选择的例证。

虽然毛被的消失造成对环境适应的不利后果,人体却又以皮下脂肪层的增厚,皮肤中色素层的发育作为补偿。在阳光充足的地区,为了防止强烈阳光的灼伤,皮内色素加深而成黝黑肤色,在阳光薄弱地区,肤色浅淡以利于吸收阳光中的紫外线——这就是不同人种不同肤色的由来。人类流线型的身材,其实是乳房与臀部充分发育后致使人的躯体膨隆,头、脚相对为小而塑造成的。仔细地考虑,人类的性选择作用还不能完全排除。倘若如此,人体毛被的消失,我想应是较晚时期形成的,不会早到从猿到人的转变期乃至原始人类的早期阶段。

现代非洲科伊桑族妇女的肥臀及史前岩画的表现,此特征不仅可追溯到非洲史前,在欧洲的史前雕塑女像中(右1、2),亦有普遍的反映

除此之外,还有另一种毛被消失的解释,即生活方式的改变所致,由于人类远祖的生活方式由树上食性转为地面狩猎生活所致。莫瑞斯还提出,由古猿到人的进化,最主要的是由树栖的猿转化为地面狩猎生活的猿。狩猎猿是人类祖先最早的代表,它之所以能发展为今日的人类,而没有成为两足行走的肉食猛兽,就在于这种狩猎猿与食肉猛兽的根本区别是它的体质不适应向猎物闪电般的猛扑,也不适应长时期的追捕,但它又非得如此干不可。虽然它们有较发达的大脑并能使它们想出聪明的策略(这在现在黑猿群中已看到这方面的策略),如制造致命的武器,但沉重的体力负担依然不会减轻,它必须坚持猛扑穷追。在这个过程中体温骤然升高,并持续地保持高体温,此时选择压力趋向必须向降低体温方面运作,而脱毛、毛被的消失正是一个较好的途径。毛被消失,同时汗腺增加就达到散热降温的效果。这种发生在捕猎紧张时刻的机制变化被代代遗传下来,人的皮肤变得光滑了,同时汗腺增多、皮下脂肪相应形成,成为新的适应性变化的结果。

如此看来,人体毛被的消失竟有这么多的解释,这倒不是各执一词的妙辩,而是人体实在太奥妙了。任何一种说法不是没有道理,但又会感到不够全面,或许应从多方面因素加以综合考虑才是。

这里涉及"性"的因素，"性"既是生物性的官能，又是人类进化过程中颇富人类特性的一种文化官能。因为人类不仅有肉体的性爱，还有精神上的性爱，两者不可分割。也只有人类才具有那种温情脉脉，或激情澎湃的壮丽图景。正因为有了文化的内涵，才在肉体之爱的基础上铸造了人类裸露无毛的体表，圆润的双乳和殷红饱满的双唇。人类女性有亢奋的性欲，男性有粗大的阴茎，这为其他灵长动物所不如。而性行为的三部曲，即求偶（求爱）、前戏与性交，这也仅为人类所专有。加之任何时刻都可以进行性交配而不受发情期的限制，而且时至今日，利用人为的方法将性的生殖目的与性的满足分隔开来。凡此种种，无不打上了人类文化的烙印，它也随人类的文明发展而发展，而这一切又都是在人类祖先的生物学基础上发展起来的，对人类的发展造成深刻的影响。所以在考虑人类某种形态性状和行为方式时，既要从生物学，也要从人类文化发展的角度来全面考虑，才不至于得出偏颇的结论。

就这样，人类远祖在适应新环境和新的生活方式的过程中，通过对自然物的使用，不断给予自然界以改造意义的反作用，同时也改造了自身。人终于以其特殊的形态出现在世界上。

第六章　现代人之由来

现代人之由来，谈的是作为生物物种的人类是怎样演化的，亦即原始人的进化历程！

第一节　人类的演化谱系

远古的猿类发展为现今人类经历了多少演化阶段？这些阶段之间的相互关系，也就是谱系关系，又是怎样的？在古人类发现史上每个阶段又是怎样一种图景？

古人类发现史上多彩的人类演化谱系图

早在1889年，德国的进化论学者海克尔提出一个灵长动物的进化谱系，其中有关人类的部分是这样的：

猿→不会说话的人猿→愚笨的人→智人（智慧的人）

从这个谱系看，当时人们的认识尚有限，所谓"愚笨的人"，指的是当时已发现少数的尼安德特人（简称为"尼人"，或"古人"）化石，说他们是愚笨的人并没有什么根据。至于"不会说话的猿人"在当时纯属推测，还没有找到化石依据，后来在印尼爪哇岛等发现了原始人化石，就以这个"猿人"命名为"爪哇猿人"。

1894年马科斯绘的猿人家庭　　　　1904年创作的尼人形象

到了20世纪30年代，英国人类学家施密斯提出了一个谱系图，将当时已发现的一些重要人类化石均罗列在内。他将人类谱系分成三个阶段：第一阶段为猿人阶段；第二阶段为"人属"阶段，主要是尼安德特（尼）人类型；第三阶段为现代人（智人）阶段，将化石的智人和现代各种族代表均列入其内，化石的智人是主要以在法国发现的克罗马农人（简称为"克人"，或"新人"）为代表。至于刚发现不久的"林猿"和"南猿"均被看作是人类的共同祖先，尚处于猿类范围内。

到了20世纪50年代，古人类学家们将原始人类划分为猿人、尼人和克人（或称猿人、古人和新人）三大演化阶段。猿人阶段以北京人、爪哇人为代表，被看作是已发现的最早的古人类。古人阶段以德国发现的尼安德特人为代表，我国有马坝人、丁村人等。而新人阶段则以克罗马农人为代表，我国则有柳江人和山顶洞人。整个原始人类的谱系发展关系是猿人→尼人（古人）和→克人（新人），进而达到现代人水平。

不过也有不同见解，如部分法国学者认为，猿人和尼安德特人是人类发展过程中的绝灭旁支，他们不承认任何和现代人类型有差别的化石人类作为现代人的祖先，认为只有所谓"前尼人"即尼人中体质与现代人接近的类型（如斯坦海姆人、斯万司孔贝人等），才能是现代人的祖先。甚至认为，如果这些前智人代表经研究发现与现代人也不同的话，那就应将之排出现代人祖先之列。总之，在他们眼里现代人的起源问题还远远没有解决，人类的谱系只是一根没有主干的枝条。20世纪70年代初还出现与这种"法国学派"相反的另一学派,他们认为现代人主要经由非洲的早期直立人和智人演化而来的,其他任何人类化石都是绝灭旁支的代表,或是进化过程中的"废品"。这里,人类演化谱系成为一根没有任何枝条的光杆了。

20世纪50年代末的人科谱系图

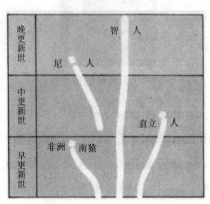

20世纪50年代末反映法国学派观点的人类谱系图

20世纪70年代,我在有关人类起源的科普书中所采用的人类谱系图,则是归纳各家之说而构建的:古猿进化为原始人类后,后者大致经历了南猿、直立人和化石智人三大阶段,实际上每个阶段都代表了一个复杂的群体,各阶段内部成员的发展不是均衡的,有的分支发展快些,有的发展缓慢些,也有的会暂时后退,甚至成为旁支中途夭折了。前后两阶段的衔接是交错的,也就是说,后一阶段的个别分支可能产生较早,而前一阶段的某些分支可能延迟很晚时期,不同阶段的某些分支可以同时并存。总之,人类的演化过程和方式不是单线直进的,或犹如圆柱式地推进,而是树丛式地发展,错综复杂。

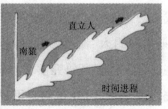

对人类进化方式的两种见解示意图:左,圆柱式;右,树丛式

现代生物分类学为了便于描述和归类，一方面要求把已知的类型划分为明确的类群，另一方面又要求能反映出生物的演化关系，所以要求包括这一类群从最初分化出来的类型开始，直到现代类型的出现为止。上面提及的各种人类谱系中伴随有人科成员的分类，它们基本反映了人类这一支从猿的系统开始分化、直到现代人出现的整个演化情况，是符合现代生物分类学要求的。

这种分类法既可用谱系树的形式表达，如美国人类学家纳皮尔1971年出版的《人类的来源》书里有一个谱系图（右图），可以作为这种形式的代表。这里作为人和猿的共同祖先的是埃及猿，把巨猿作为猿类系统上的绝灭旁枝。这个谱系图基本上反映了当时相当一部分学者的看法。

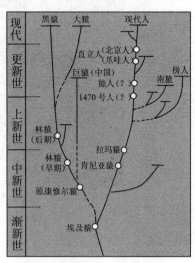

用谱系树形式表达人科的分类

20世纪后期，化石人类分类还出现新的趋向。由于广泛接受有关物种的"种群"概念，在化石人类的分类上，不少人认为不仅要考虑进化的趋势，还应考虑同一阶段、同一组群成员的个体间、性别间，乃至地区间的变异情况。也就是说，在化石人类的分类上，不能只看到形态上的差异就订新属新种，而要有时间上和空间上"群"的概念。这样，注重的将不是个别的模式个体，而是整个的"种群"。按照过去的理论，把一个进化中的种看成是一棵树，时时长出新枝，形成一个新的物种。种群概念却把它看成是缠绕在一起的葡萄藤，它们既分离又缠合，这种缠合，代表了种内交配。如果有一枝藤蔓分离开去，再没有机会和同种遇合，那它就成为另一个系统，终于发展成为另一个物种。1972年，美国人类学家坎贝尔提出了一个新的人类谱系树图（见下页图）就代表了这种新的趋向。众多的人类学家基于他们对已有的人类化石材料的不同认识，提出了形式各异的谱系图，这是不同学术观点的反映,不足为奇。

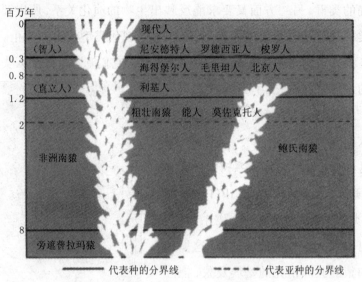

根据种群观念绘制的人类谱系树

当今的人类演化谱系观

虽然现在我们还不确切知道人与猿的共同祖先究竟是什么类型的古猿,但据目前所获的化石证据,似乎可以看到早期人类的演化可以分为五个时间段,每个时间段都有一群代表,构筑了人类演化的谱系关系。

1.距今 700 万～400 万年为"地(栖)猿群"

包括诸如中非乍得萨赫尔人、东非的吐根奥罗宁人以及地猿属内其他诸种等;生活在树林中,体质结构以适应在树上四肢移动和在地面直立行走为特点,但下肢还明显保留攀登的功能,且雌雄性个体的犬齿比较小。

2.距今 450 万～100 万年主要为"南猿群"

南猿群分布于全非洲,群内包含形形色

地猿头像

色的种类:阿法南猿、非洲南猿、粗壮南猿(或"傍人")、扁脸肯尼亚人等。

体质结构以适应直立行走为特点,但行走时身体前倾,且早期代表下肢还保留攀登的功能。它与地猿群构成了人类近祖,即"前人"阶段,在体质形态上能直立行走,在文化上能经常使用天然工具,进行初级形态的劳动,但尚未学会人工制造工具。

阿法南猿　　　　　　非洲南猿　　　　　粗壮南猿(傍人)

3.距今250万年出现"(人属早期代表)能人群"

他们以能制作和使用工具而进入"真人类"阶段,脑部较大且牙齿、上颌部较小,主要代表为卢道夫人和能人。在人类发展史上,能人群迈进"石器时代",是为旧石器时代的先驱者！大约在距今200万年左右,在非洲本土演化为匠人,他们离开非洲扩散到欧亚大陆。到达欧洲的为先驱人,到达亚洲的为早期直立人。

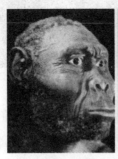 

卢道夫人头像　　　　　　能人头像

4.距今180万年往后,早期人属代表逐渐演化为"(人属中期代表)直立人群"

直立人群本身可分为早期原始类型与后期进步类型，距今100万年以上者多为前者，包括有非洲的匠人、欧洲的德玛尼西人、亚洲的早期爪哇猿人和元谋人等；后者如海得堡人和北京人等。直立人群是早旧石器时代的文化创造者，并开始使用火了！

直立人头像

5.距今20万年左右出现"（人属后期代表）化石智人群"

现代人亦为智人，为与之相区别，我赞同有些前辈们将原始的智人称为"化石智人"。由直立人群演化为现代智人的历程颇为复杂，主要演化为尼安德特人和克罗马农人（智人），并涉及现代人种的形成。化石智人可分为较为原始的早期类型和进步的后期类型，近年来有些学者鼓吹"早期现代人"的概念，其实就是前面讲的前尼人，并无什么新意。

尼安德特人

克罗马农人

原始人演化阶段的划分，亦即原始人的演化历程，目前看来似为：地猿、南猿、能人、直立人和化石智人五个阶段，在分类学上隶属三个属：地猿属、南猿属、人属（包含能人、直立人和化石智人诸种）。

每一演化阶段都代表了一个复杂类群，而各阶段内部成员的发展不是均衡的，前后两个阶段的衔接也是交错的，总之，原始人类演化过程绝不是单线直进的，在朝现代智人发展的历程上呈现出错综复杂犹如灌木丛似的图景。

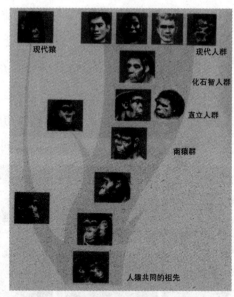

这是一个简化的人类演化示意图

原始人的演化历程，可分为两大阶段：原始人的起源与现代人的起源，前者包括从猿到人过程及至直立人群的产生；后者包括从直立人群演化到化石智人及至人种的分化。前者大约从距今600万年前后至20万年，地点可能为非洲大陆；后者自距今20万年前后至1.2万年，关于现代人的起源与演化的方式和地点，学术界有较大的争议，之后再说。

我已说过，人类不仅是一个生物物种，也是一个文化物种，随着人造工具的产生而真（正）人类的出现，人类社会进入了"石器文化时代"即石器时代，它占据了人类文化史的99%！

让我们也懂一点石器文化时代的一些基础知识。

石器时代（Stone Age）

石器时代是最早阶段的人类文化期，当时原始人的生产工具主要以石制工具为主，约从距今500万年前人类出现时开始（另有一说，是以目前已知石器出现的250万年前为起始时间），约终止于距今5000年前金属的最初使用时。它划分为旧石器时代、中石器时代和新石器时代。

旧石器时代又可分为早（250万～25万年）、中（25万～3万年）和晚三期（Lower，Middle and Upper Paleolithic）。

在欧洲和北非，晚旧石器时代起于距今45000年前，止于12000年前。在亚撒哈拉非洲（sub-Saharan Africa），晚旧石器时代又称为"后石器时代"（Later Stone Age）。

中石器时代,是新石器时代的先驱期,其间,人类充分利用更新世末期与全新世初期生境丰富的自然资源,更多地捕猎小型动物(包括水生生物),使用的工具更趋多样,原始农耕与驯养动物的活动产生,游猎生活方式渐弱而转向半定居。

新石器时代,原始农耕与驯养动物成为日常生活的常态,人类开始定居生活。各地新石器时代的起始时间不同,取决于原始农耕活动的开始时间。

左起:欧洲早旧石器时代的阿舍利手斧、早旧石器时代晚期的勒瓦娄哇石片技术和中旧石器时代的莫斯特型石器(*Archaeology*, *The definitive guide*,2003,Fog City Press,USA)

中石器和新石器时代欧洲的各类石器

欧洲旧石器时代晚期的洞穴岩壁画和象牙雕塑女头像

第二节 地猿(地栖猿)群

地猿群诸代表的化石发现于距今 700 万 ~ 400 万年,其体质特征显示出直立行走的特点,表明它能像人一样在地面上行走,但它们的下肢还保留了明显适应攀爬的特性,它们是人类最早阶段的代表。

自1992 年以来,有关方面在非洲发现了 4 处时代达到距今 400 万年的原始人化石地点,并订有 3 个新属 1 个新亚种,实际上它们就是地猿群中的诸代表。

(1)1992 年埃塞俄比亚和美国古人类学家在埃塞俄比亚境内中阿瓦什的阿拉米斯发现了距今 440 万年的"早期南猿"化石,最初被暂时命名为 *Australopithecus ramidus*"始祖南猿",1995 年修订为新属新种,即"地猿·始祖种"(*Ardipithecus ramidus*,按阿法语,ardi 意为"地面",ramid 意为"根",延伸为根源、始祖之意,故可称为"始祖地猿")。研究人员在该地区展开详细搜索活动,获得至少 36 个始祖南猿个体的化石,其中竟有一副身高约 1.2 米的女性残破骨架,被取名"阿迪"(ardi)!

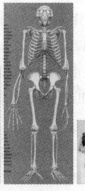

始祖地猿　　阿迪骨架　　　　　骨架复原　　　　阿迪头骨与复原像

(2)2000 年 10 月,法国学者在肯尼亚中部发现 21 块人类化石,被称为"千

125

禧祖先"。经研究发现,千禧祖先的牙齿比较小,腿骨比较长,而且还显示出直立行走的特点。但在其他方面却很原始:它的犬牙大而尖,而它的臂骨与指骨也保留了一些适应攀爬的特性。法国学者认为千禧祖先是人类的直接祖先,由它直接演化为人属。据称,该化石距今的年代达 600 万年。被正式命名为图根原人(*Orrorin tugenensis*),种名来自肯尼亚北部的图根山(Tugen Hills)。不过也有学者认为图根原人还没有进化出习惯性两足行走所需要的全部特征。

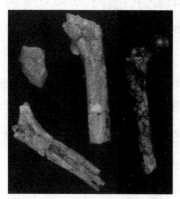

图根原人肱骨(左)股骨(右)

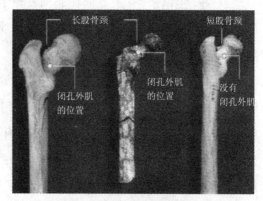

图根原人股骨颈的形态与猿类(右)不同而与人类(左)相似

（3）2001 年 7 月,美国加州大学伯克利分校的研究小组,在埃塞俄比亚中阿瓦士河谷的 5 个地点,发现距今 580 万 ~ 520 万年前至少 5 个个体的人类化石,有带牙齿的颌骨、手骨、腿骨、臂骨、锁骨,还有一个趾骨,该趾骨带有猿类和阿法南猿的特点,显示该原始人可能直立行走,暂时命名为"始祖地猿家族始祖亚种"(*Ardipithecus ramidus kadabba*),是为始祖地猿的亚种。

值得注意的,有些专家宣称,始祖地猿家族始祖亚种的发现,挑战了人类祖先由森林迁往开阔草原的说法。

以前大家以为,气候变化导致非洲大陆茂密的森林缩小,稀树草原扩大,迫使人类的祖先不得不与类人猿分歧。但是分析始祖地栖猿家族始祖亚种化石所在的古老沉积土壤后,专家发现 600 万～500 万年前该地区森林茂密,水源丰沛,木本植物相当多!据此推论,中新世时人类的祖先早已在庇荫的林中空地上繁衍壮大,以后森林毁于火山爆发,数百万年后才变成今日灌丛丘陵地。

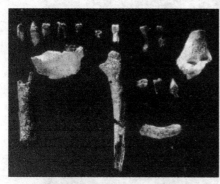
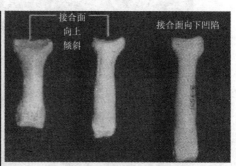

始祖地猿家族始祖亚种的体骨化石

现代人、始祖地猿家族始祖亚种和黑猿趾骨的比较

(4)2000 年 7 月法国、乍得联合考古队在乍得北部 Djurab 沙漠的沙暴沉积层中,发掘到一具头骨化石。该化石被命名为乍得萨赫尔人(*Sahelanthropus tchadensis*),Sahel 为戈兰语"荒原"的意思,故又可称为"乍得荒原人"。发现者还给他的发现物一个俗名:"托曼,Toumai"。据说这个名字是乍得总统提出的。按照戈兰语的意思"托曼"为"生命的希望",是当地人为旱季到来之前出生的孩子起的名字。

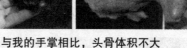

托曼头骨　　　　　与我的手掌相比,头骨体积不大

研究表明,萨赫尔人同黑猿与人类最后的共同祖先有密切的关联,被认为是人类的最早成员,是所有更晚出现的原始人(包括图根原人及地猿)的祖先。

以小的犬齿相似于现代人（上）以前凸的下面部接近于黑猿（右下）

对这具标本的出现是众说纷纭,甚至有人认为它颠覆了人类起源的传统观念！它的属性是人还只是大猿？它的分类地位是一个新属抑或一个新种？它在人演化谱系中的位置,即与时代较晚的原始人的关系又如何？要回答这些问题,尚需要更多的材料。

最近公布了对始祖地猿"阿迪"（ardi）女性骨架研究的成果,发现她的脚骨其大脚趾朝外叉的形态,适于与其他趾骨对握抓紧树枝,且难以提供像以后人类直立行走时所需的推力,似乎是其他四趾提供了这必要的推力。距今440万年前的地猿直立行走的机制尚且如此不完善,联系到托曼头骨形态特征的复杂组合,表明地猿群情况确实复杂,他们在人类演化过程中究竟处于什么地位,尚需更多的材料才能阐述。

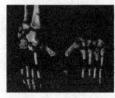

注意阿迪其大趾明显向外叉开

不仅看出,随着新材料的涌现,新的人类进化谱系应运而生。我认为在古人类学研究中,专家们有关南猿群的谱系说法最为繁杂,也最为自行其是。然而,岂止南猿群,整个人类进化谱系更是如此,几乎每个学者都有自己的一套!

25年前,我写过《人是怎样认识自己的起源》,里面就谈了这一点,几乎每发现一件重要的人化石,总会掀起一场场争论。在作者看来,新的发现不是解决了问题,而常常是带来更多新的问题。试想人类起源过程绵延数百万年,不用说700万年,按分子人类学的研究,至少也在500万年以上,在这漫长岁月里,我们所获得的人类化石材料才几何? 就像一个偌大一个拼图游戏,我们才得几许小拼块? 而且化石的破碎,常常使研究变得犹如"盲人摸大象"!

利基基金会的主席凯·哈里根·伍兹就托曼发现的意义曾引用2002年7月14日《纽约时报》上丹尼尔·利伯曼博士的话说:永远不要以为一个证据的暂缺就意味这个证据不存在,或者,以为我们已拥有的证据就是获得最终结论的依据。她还说:致力于人类起源研究的专家们都知晓,在过去的50年内,随着化石记录的扩展,人类进化的图像不断在变化。专家们推测,目前我们所拥有的化石证据,只不过是建立人类起源真正图像材料的5%还不到呢。

我认为,探索,探索,不断探索;争论,争论,不断争论,以求达到解决问题的彼岸,正是探索人类起源过程的魅力所在。

第三节　南　猿　群

1871年,进化论者达尔文预言人类的最早祖先将在非洲被发现。但是,直到50多年后,支持达尔文的证据才浮出水面。

发 现 史

1924年,在南非一个名叫塔翁(Taung)的地方发现了一具似人似猿的残破头骨,掀起了自后在南非一系列重要发现的序幕。至今在南非已发现带有南猿化石的遗址已达10处之多,出土数以千计的南猿与早期人属的化石遗骸以及众多文化遗存。1999年12月2日此处被世界遗产委员会列入世界遗产地名录,称为"人类摇篮世界遗产地"。

在东非有一条著名的大裂谷,是在第三纪时经过几次强烈的地震造成的,长达8000千米。坦桑尼亚的奥尔杜韦峡谷是东非大裂谷的一部分,早在1911年就在该峡谷里发现动物化石了。20世纪30年代又发现了更新世早期旧石器时代初期的许多粗糙石器,叫作"卵石工具"或"砾石工具"。1959年终于找到了著名的鲍氏南猿"东非人",从而揭开东非地区史前人类大发现的序幕。一系列重要发现接踵而来,并以找到距今340万年的阿法南猿"露西少女"(Lucy)的骨架化石达到高峰,从而演绎了20世纪90年代初,荷兰灵长类学家柯特兰德提出的并由法国古生物学家伊夫·柯本斯加以阐述的人类起源的"东侧故事"。

该故事认为,自1959年发现距今180万年的"东非人"化石以来,几乎所有最早的原始人类化石,都是在东非大裂谷以东原始的稀树草原上发现的,除一些年代稍晚的化石是在南非出土,唯独西部非洲没有发现100万年以前的原始人类化石。根据原始人类化石的这一分布状况,他们提出东非大裂谷将现代人类与现代猿类的共同祖先分割成了两个群体,大裂谷以东的那个群体进化成了人类,而大裂谷西边的那个群体则繁衍出了今天的猿类。

人类起源的"东侧故事"固然重要,我认为在南非还有更引人入胜的人类起源的"南方故事",让我来讲讲这个南方故事吧!

南非:南方故事的发生地

2005年5月末,我应南非维特瓦特斯兰德大学(简称维茨大学)托比阿斯教授的邀请,赴南非考察并进行学术交流,南非是我长久以来向往前去考察的地方。

　　到达约翰内斯堡的第二天即去拜访托比阿斯教授,托比阿斯教授退休前为维茨大学医学院解剖学与人类进化研究系的负责人,退休后依然进行研究工作。会见不久,他即取出一个暗褐色小木箱,并取出一块暗红布板,原来是让我欣赏和观察1924年发现的首份南猿化石、非常非常著名的"塔翁幼儿"(Taung baby)头骨标本!而且更让我激动万分的是,托比阿斯教授不仅亲自详尽地介绍这份珍贵化石的发现历史、形态特点,还破例将化石置于我的手掌上(见下图),让我体味它的质感,并告之我是第一位直接触摸它的中国学者!

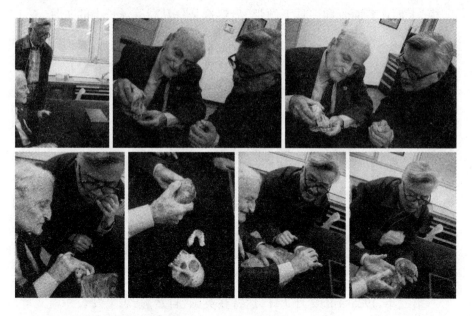

回顾"塔翁幼儿"的发现

　　在南非有一个以盛产金刚石闻名的小城市,名叫金伯利,处于哈兹河流域的宽平处,该流域以出土史前早期石器称著。在金伯利以北100多千米处,有一个叫塔翁的小镇,那里有许多采石场,不仅开采白云岩(石灰岩的一种),还经常发掘出许多动物化石。

　　1924年5月,在巴克斯顿北部石灰公司采石场发掘到一个狒狒的头骨化石,该化石为公司的董事艾佐所得。后来化石被莎蒙要走,并带到了约翰内斯堡。当年11月,莎蒙将化石交给她的老师,即维茨大学青年解剖学教授雷蒙德·达特,达特对之很感兴趣并进行了研究。很有意思的是,在这个头骨的额部,有一个用什么锐利的东西砸开的窟窿,这引起达特很大的关注,便请求准备去附近考察的同事杨顺便探查该地,看看有没有其他的标本。

不久以后,杨从一个名叫布雷恩的人那里得到几块含有动物化石的角砾岩块,这是爆破岩石的时候在一个山洞里发现的。杨将这些岩块转交给了达特,经过后者的精心处理,从里面取得两个狒狒头骨,还修出一个脑的印模,上面连着面骨和一具下颌骨,显然这是一具高等灵长类的头骨,看上去既像猿、又像人。

达特很快就着手研究这具头骨。这具头骨脑量500毫升左右,颅盖圆形,牙齿的形态和人的牙齿相近,达特当时判断它属于一个6岁的幼儿(现在认为3岁左右),一般就叫它“塔翁幼儿”。

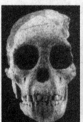

雷蒙德·达特教授　　　　“塔翁幼儿”头骨,由三块化石组成

第二年,1925年的2月7日,达特在英国《自然》杂志上发表一篇文章,题目叫作“非洲南猿:南非的人猿”,认为所谓“塔翁幼儿”是一种已经绝灭的猿类,它就是从猿到人的“缺环”。他说这具头骨化石除了它的完整性是少有的外,“更加具有重要意义的是,它代表了类人猿和人之间已经绝灭的猿类”,“它并不代表一个猿形的人……也不是真正的人,它合乎逻辑地应该作为一个人型的猿”。达特为此还另辟了一新科——南猿科,放在人科和猿科之间,把这种古猿归在这个新科里,并命名它为“南猿·非洲种”

(*Australopithecus africanus*)简称"非洲南猿"。达特还强调指出,它的发现证实了达尔文的主张:非洲是人类起源的摇篮。

达特根据塔翁幼儿头骨的某些特点,认为这种南猿具有直立行走的能力,并且推论出,它直立的时候双手摆脱了行走的功能,发展了操作工具的机能。

达特的见解在《自然》杂志上发表以后,立即遭到许多人的怀疑和反对,特别是来自英国的批评最为猛烈。就在《自然》杂志的下一期上,一下刊登了四个学术"权威"的评论文章,其中有达特的老师施密斯和纪斯的两篇。

纪斯是一个解剖学"权威",他根据脑量的大小在人和猿之间划了一条严格的界线,认为脑量达不到750毫升就不算人。塔翁幼儿的脑量不过500多毫升,即使到达成年,估计也只能跟大猿的脑量相当。当时有一个传统见解,认为人脑的发展先于人体的其他部分。爪哇直立猿人长期得不到承认,也正是因为它和这个观念相抵触。当时北京人的头盖骨和文化遗物还没有发现,这一观念还没有被触动。既然这样,达特说小脑袋的塔翁幼儿居然能够直立行走,这怎么可能呢?

1931年,达特带上塔翁幼儿化石,从南非来到伦敦,他想亲自和他的对手们交换意见,让他们看看实物,或许能说服他们改变看法。

他一到伦敦就去拜访施密斯、纪斯和伍德沃德。他们热情接待了他,但是对于他的塔翁幼儿,仍旧不感兴趣。

那时施密斯恰好刚从北京周口店归来。他应伦敦动物学会的邀请,准备在5月17日晚上做一次学术报告来介绍北京猿人。施密斯转请达特作为他的客人,要他带着塔翁幼儿标本,一起去参加这个会,达特很高兴地接受了邀请。

施密斯是那天这晚会上的主角。他很有口才,边讲边放幻灯介绍北京猿人,讲他自己怎样为北京猿人的丰富材料所折服,说北京猿人就是从猿到人的"缺环",是最原始的人类代表……他一讲完,全场掌声雷动,经久不息。

接着由达特发表关于塔翁幼儿的见解。达特看到会场上对施密斯报告的热烈反应,就知道自己的处境不利。因为施密斯认为北京猿人是从猿到人的"缺环",自然不会承认南猿作为"缺环"的地位。台下的听众对他并不热情,最后只听到零落的几声掌声。

从1925年到1931年,达特的"南猿"始终得不到科学上的承认。社会上也跟着刮起了一股风,攻击达特和南猿。伦敦《晨报》甚至以南猿为题材,写了不少俏皮的小品文来挖苦达特!

拜访塔翁遗址

我在维茨大学考古与古人类学系的克拉克教授陪同下,访问了塔翁遗址。

自约翰内斯堡至金伯利约500千米,自驾车去当天来回太紧张了,故安排了两天日程。晨9时出发,一直往西行,北京此时为夏季,而这里却为冬季,然而天气并不寒冷,感觉是秋天的气氛。

当车接近金伯利城时,沿途可以看到指向塔翁遗址的指示牌,上面竟有塔翁幼儿头骨的图像。到达塔翁镇转入岔道,一条干净漂亮的柏油路蜿蜒直指一片山崖,沿途又见指示牌,上面标明"塔翁头骨"的所在方位。

沿途的指示牌　　远方的山崖是遗址所在处　　路桥跨越惹贝西克哇河　　崖前土路

小山丘的北边背面　　小山丘称"达特小尖塔"　　金字塔形纪念碑正面有说明牌

车子经过一道桥,驶到柏油路的尽头转入山崖前的土路,车子颠簸得很,不一会眼前突兀出现一座小山丘,高不过10米左右,车子从山丘左侧绕到前面,只见山丘前树有一座金字塔形的小纪念碑,由石块砌成,高约2米,上有说明牌,以纪念布雷恩1924年在这里发现了"非洲送给人类起源故事的首份礼品"。克拉克教授告之,现在纪念碑的位置就是当年发现塔翁头骨的地方。天色已晚,远处传来乡村里村民的歌声,今天只能对遗址匆匆一瞥,归途中突然发现不少野生的狒狒在游荡,一见人影就消失在树丛中。

第二天清晨,太阳刚升起,我们已驱车再次来到了遗址。

这是一个巨大的采石场,文献上称为巴克斯顿采石场,除保留的那座小山丘外,已开掘后的场内残剩可供开采的岩体已寥寥无几,岩洞早已荡然无存。为了纪念达特教授,小山丘被命名为"达特小尖塔",小山丘的东壁尚有局部残存的棕褐色堆积物,我和克拉克爬上去就近观察,并拍了录像片。我还攀到东侧山崖上俯视保存下来的废场,东升的太阳将我的身影投射在1925年海德利希加教授发掘过的地段,他是塔翁头骨发现后第一个到访的美国人类学家。

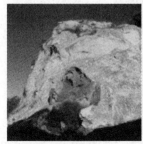

考察残存的堆积物　　　　　　我的身影投射在早年海德利希加教授发掘过的地段

据说在此区及周边一共发现化石点17处,出土了大量的哺乳动物化石,但早期人类化石仅塔翁幼儿头骨。南猿究竟是否能使用和制作工具,当时无法做出确定的结论。不过有个事实值得注意:正是在这里的洞穴中,曾经找到58具狒狒的头骨,多数头骨上面带有被打击的痕迹,部分伤痕是两个连在一起的裂口,两裂口间的距离和近旁找到的有蹄类长骨两髁间的宽度相当。这种狒狒头骨上有伤痕的现象,早在1924年达特获得第一个狒狒头骨时就已注意到了。所以根据这些狒狒头骨的损伤情况,达特认为南猿已经会使用动物的骨头作为"工具"来猎取野兽了,当然,这在当时只是一种推论。

在达特遭到学术界和社会舆论非难的时候,也有不少人支持他,苏格兰古生物学家罗伯特·布鲁姆就是其中一人。布鲁姆也有过一番和达特相似的经历。他的研究工作也长期得不到科学界承认,经过艰苦斗争后很晚才为科学界所接受。

布鲁姆当时也在南非,他研究的课题是寻找爬行动物和哺乳动物之间的"缺环"。1925年达特发表第一篇关于南猿的论文不久,布鲁姆就赶到约翰内斯堡来考察这个头骨。他看到它的脑部形态,确信塔翁幼儿是直立行走的,认为只有这具头骨才算是"联结高等猿类和原始人类的环节"。但他考虑到,由于这是个幼儿,并没有把它所具有的特点充分显示出来,只有找到成年个体,才能使南猿在科学上站住脚。于是布鲁姆决定把他的主要精力转到寻找南猿的成年个体上去:从寻找爬行动物和哺乳动物之间的"缺环",转到寻找猿和人之间的"缺环"上去。

1934年,已经快70岁的布鲁姆到南非首府比勒陀利亚的德兰士瓦博物馆任职,他一方面继续整理和研究在非洲采集到的爬行动物化石,这是他原先所研究的课题;另一方面充满着信心和希望,开始对德兰士瓦地区的石灰岩洞穴进行考察,去寻找南猿的成年个体。

1936年8月,布鲁姆来到离约翰内斯堡64千米的斯特克方汀。这里也是一个采石场,采出的石灰岩主要用于黄金冶炼业,这里有很多洞穴,1896年为寻找石灰石而被勘探者发现。不少洞穴里有丰富的动物化石,包括许多猿类化石。当地有一本由洞穴主人库柏撰写的导游书,上面就有这样的醒目标题:到斯特克方汀来寻找"缺环"!

布鲁姆在斯特克方汀采石场遇见一个石灰厂经理兼洞穴管理员,名叫勃罗乌。勃罗乌告诉布鲁姆,他曾经在塔翁工作过,当年曾经亲眼看到许多动物骨头被投进了石灰窑,其中就有类似所说的塔翁幼儿的那种南猿头骨和骨骼。他还说斯特克方汀洞穴里也有一种猿类化石,他当时送给布鲁姆三个狒狒的头骨化石和一个剑齿虎的头骨化石。

隔了一个星期,布鲁姆再度访问斯特克方汀。这次从勃罗乌那里得到了一个大型类人猿的脑印模。勃罗乌告诉他,这是几天前在爆破的时候获得的。第二天由勃罗乌陪同,布鲁姆去到发现这具印模的洞穴,又找到了许多头骨碎片,还有几颗牙齿。经过细心拼凑,原来正是一具布鲁姆所想要寻找的成年个体南猿的头骨,布鲁姆认为这具头骨和塔翁幼儿很接近。根据它发现的地点——德兰士瓦地区,就叫它"德兰士瓦南猿"(*Australopithecus transvaalensis*)。接着他又根据它的特点,另订一个新属——"迩人属"(*Pleisanthropus*),"迩"是接近的意思,故又可译为"近人"。

次年,1937年他把德兰士瓦南猿订名做"迩人·德兰士瓦种"(*Plesianthropus transvaalensis*)。这一年的3月20日,布鲁姆在一次国际性原始人学术讨论会上宣读论文,公布了这一个新发现,认为它"可以算是目前已经知道的最接近人类祖先的化石猿。"布鲁姆还从头骨底部的特点分析,认为南猿的确能直立行走。

1938年7月,布鲁姆又在勃罗乌的协助下,在离斯特克方汀3千米远的另一个采石场——克罗姆德莱伊找到了另一具南猿头骨的许多碎片。这个化石地点原来是一个名叫泰尔布兰西的小学生找到的。布鲁姆在那里除了找到头骨碎片,还找到一块几乎完整的下颌骨。复原后发现它比以前发现的南猿要粗壮和硕大,这使布鲁姆感到惊讶,并且觉得难以理解,因此为它另立一个新的种属,叫作"傍人·粗壮种",简称"粗壮傍人"(*Paranthecus robustus*),"傍人"的意思是人的旁枝。这样,南猿的存在获得了进一步的证据。1938年8月20日的《伦敦新闻画报》对这件事作了报道,题目是《缺环不再缺失》。达特关于塔翁幼儿头骨的判断,经过布鲁姆的不懈努力终于获得了强有力的支持。1939年,一直支持达特观点的美国古人类学家葛雷戈里和赫尔曼提出,南猿可以作为一个亚科,与人亚科并立在人科之内。

1943 年 12 月，布鲁姆在英国《自然》杂志上发表文章，说他发现了南猿脚上的一块距骨，它的形态更进一步证明了南猿的确是直立行走的。既然能直立行走，双手就可以空出来，可以拿木棍和石块作为"工具"和武器了。

不久，第二次世界大战爆发，在南非寻找早期人类化石的野外工作被迫停止了。

直至战后，他们才恢复斯特克方汀的工作，布鲁姆在助手罗宾森的协助下，于 1947 年 4 月 28 日发掘到一具保存极佳的女性头骨，以及同一个体众多的体骨，体骨证明了她能像人一样直立行走，被戏称为"迩人太太"！

罗伯特·布鲁姆

我在拍摄"迩人太太"的头骨

"迩人太太"的头骨

"迩人太太"的体骨

1966 年，在托比阿斯教授领导下，首次系统性地发掘斯特克方汀，发掘工作延续至今，发现的人类化石超过 600 件，加上 1936—1963 年布鲁姆与罗宾森发掘的 100 件人化石，在斯特克方汀发现的人化石已超出 700件！所以斯特克方汀成为世界上发掘时间最长、出土人化石最多的地点。正因为如此，斯特克方汀连同克罗姆德莱伊以及周边其他地点，1999 年

12月2日被世界遗产委员会列入世界遗产地名录，称为"人类摇篮世界遗产地"。

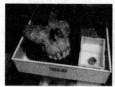

元谋人牙与非洲南猿(STS52)的　　　　　　　　　南猿的脑模
上内门齿形态相近

探秘"人类摇篮世界遗产地"斯特克方汀

"人类摇篮世界遗产地"占地47000公顷，主要处于豪腾省，并向西延伸西北省小块地方，大部分土地为私人所有。该世界遗产地主要由13座白云岩洞穴组成，这些洞穴中盛产动、植物化石，包括人类化石。其中至少8座出土了人类化石，共出土950多件标本！4座有石器和3座有骨器的出土。此次我们主要考察了斯特克方汀、克罗姆德莱伊和斯瓦特克兰三处。

我们首先来到斯特克方汀。

斯特克方汀洞穴群位于艾沙克·爱德文·斯特格曼自然保护区内，离克莱克斯多普约10千米，1958年斯特格曼家族将这些洞穴捐赠给了维茨大学。部分洞穴已对公众开放，每年约有10万观众来访。

这是一座庞大的发掘现场，我们沿着一条小路穿越围栏进入对外开放区，上面有天梯，一般参观者只可在天梯上俯视发掘区。发掘现场的旁边有一小型博物馆(在1966年时称为"布罗姆博物馆")，展有各种出土物以及早期人类与文化的进化史，可供来访者参观。

克拉克教授带领我们走下天梯进入发掘现场，几名黑人发掘工正在清理堆积物，从中找到一件像骨器的东西给我们观看。斯特克方汀的堆积物上下可分五个单元，在中、底部距今300万和200万年的层位中出土了约700件属于非洲南猿的化石，其中最著名的为原来称为"迩人太太"的头骨化石。上层堆积中出土了人属早期代表"匠人"(*Homo ergaster*)的化石。重要标本的出土处多有标牌标示之。

除人化石外,斯特克方汀还出土了丰富的动、植物化石以及原始人文化行为的最早证据:即为他们所使用和制作的石器。据克拉克教授的夫人,著名的史前考古学者库曼的研究,斯特克方汀出土的石器属于两个时期,最早的为距今200万~170万年的奥尔杜威石器,托比阿斯教授认为它的主人可能为"能人"。在遗址里还找到一具残破头骨,托比阿斯教授认为是"能人",不过有争议。其次为距今170万~140万年的早期阿舍利石器。我们在地表上发现多处地方暴露出石器,石器很粗糙。

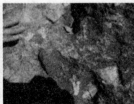

进口处的说明牌　　　　　天梯,供参观者站在上面观看发掘现场

地层中骨化石富集　　　地层中暴露的石器　　　　又一块石器

考察了发掘现场后,去小型博物馆参观,不过正在整顿中,不对外开放。出博物馆后克拉克教授带领我们走进一个地下甬道,光线昏暗,我们小心翼翼地往洞穴深处摸索前进。我们将会看到什么?我脑子里不断盘旋这个疑问。洞深达40米,终于到底了,面前竟然有一潭池水!据说可以看到小的游鱼。就在不远处的斜坡上,在手提灯光的照射下有副骨架跃入眼帘,啊,"小脚人",这是1924年幼儿头骨发现以来,斯特克方汀最重大的发现!

它的发现者就是克拉克教授,真幸运,由发现者本人亲自向我们介绍发现过程：

　　早在 1994 年和 1997 年 5 月，克拉克教授在整理 20 世纪 80 年代初期发掘的动物化石时，就从一个抽斗中发现并辨认出 12 块人的足骨及一个胫骨下端的残块，这些骨骸均来自同一个个体，考虑可能还有更多的骨化石保存在角砾堆积物中，于是他在 1997 年 7 月请求两位助手墨特苏米和墨累菲去寻找同样的角砾岩，看看能否从中找到更多的人骨化石，同时将胫骨下端的残块复制了一个模型，交给他们以便查对。没想这么快，两天后就找到了人化石！发掘工作细致而缓慢地进行着，直到 1998 年 12 月找到头骨后，才对外公布这一重大发现。这是具雄性的非洲南猿化石，距今年代达 330 万年，可算是该人类摇篮地迄今年代最早的一个南猿个体，它是非洲南猿的祖先，命名"小脚人"是因为最早发现的 4 块左足骨甚小之故。

进入地下洞穴的入口　　墨特苏米（左）、克拉克（后）克拉克右手拿着胫骨的下端、
　　　　　　　　　　　和墨累菲（右）　　　　左手拿着小脚的化石

克拉克教授与小脚人化石　　　　　　我在考察小脚人化石

　　已暴露出的骨骸包括有双腿，一条完整的左上肢、它从臂骨到指骨全部保留，完整的头骨上，牙齿非常完整。全部骨骸约占整个骨架的 45%，根

据肢骨比例，上肢长而下肢短，而且脚骨保存抓握机能，专家们认为它不仅用双足行走，还常攀援于树上，因此有的专家怀疑非洲南猿能否是后期人类的直系祖先。

现在这副骨架仍全部地保存在原地而不急于起土。在考察过程中，我时时将这个遗址与我们周口店的北京猿人遗址相比较，虽然两者处于不同的演化阶段，意义与价值却是相同的，然后就人化石的量大与质高、发掘时间之悠久、人力投入之大、研究之认真细致等诸多方面，周口店还真的与之有相当的距离，天外有天啊。

考察小脚人化石后就结束了在斯特克方汀这一重要遗址的活动，我们转向东边 1.5 千米处的斯瓦特克兰斯。站在斯特克方汀发掘现场的天梯上往东看，就可见到远处缓缓升起的小山岗，这就是我们要去的地方。

该洞 1991 年对外开放，有小径可通，走下长约 80 多级的台阶，然后进入其内考察。大概已好久没人进入访问了，遗址显得荒芜。

布鲁姆和助手罗宾森早年在此发掘时，石灰岩的开采依然在进行，直到 1951 年开采工作才停止，其时布鲁姆已过世了，罗宾森继续工作到 1953 年。之后在 20 世纪 60 年代的后期，布朗接手，发掘工作延续了 25 年。迄今，斯瓦特克兰斯已出土了 200 多件人化石，大都分属粗壮南猿，少部分为时代较晚的匠人。

1948 年最早发现的下颌骨残块很粗硕，牙齿亦大，釉质厚，布鲁姆曾将之归为傍人的一个新种，称"粗齿傍人"（*Paranthropus crassidens*）。除人化石外，还发现大量的动物化石、石器和骨器，并拥有明显的用火与控制火的证据。斯瓦特克兰斯成为继斯特克方汀之后第二座富集距今 180 万 ~ 100 万年间的石器、骨器与更新世人化石的地点，也是非洲拥有最早用火遗迹的地点。

进入主洞，可见斜上方的洞口边树枝浓密，引人遐想，因为在洞内曾发掘出一具南猿头盖骨，上面有被大型动物犬齿咬啃的两个圆形齿痕，与豹上颌两犬齿能吻合，故推测，豹子可能是叼着南猿攀爬洞边的树上时，不小心将南猿滑落掉到洞里去了,之后成为化石保存了下来。

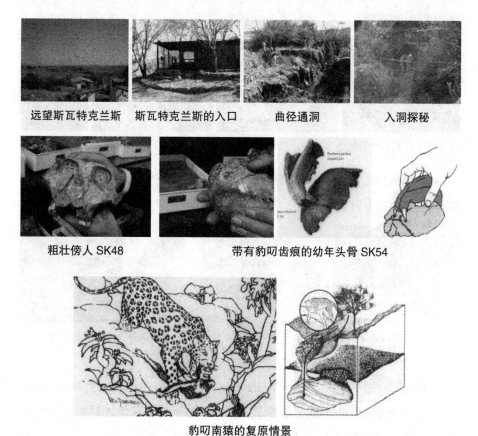

远望斯瓦特克兰斯　斯瓦特克兰斯的入口　　曲径通洞　　　入洞探秘

粗壮傍人 SK48　　　带有豹叼齿痕的幼年头骨 SK54

豹叼南猿的复原情景

　　我们转入一个支洞,黝黑的洞壁上残存甚多堆积物,从中发掘到不少石器、骨器及烧骨,制作它们的主人是进步类型的匠人,相当于亚洲地区的早期直立人,如我国的元谋人。

　　最初从斯瓦特克兰斯发现人属的早期代表并不叫匠人,布鲁姆称它为"完人"(*Telanthropus*),即完全为人的人,而罗宾森干脆叫他为直立人。随着新化石的涌现和研究的深入,从南猿的进步类型中进化出人属的早期代表"能人",以及后继的"匠人"。匠人在人类起源非洲论中是由非洲走向欧亚大陆的先驱者,如果在斯瓦特克兰斯发现的用火遗迹确实为匠人所为,这将是原始人一个很重要的适应手段,不仅会使用工具,还借助火的威力,取得迁徙和扩散的成功！对于探索我国的元谋人能否用火，也是一个不可忽视的参照要素。

发现匠人化石和烧骨的地方　　烧骨　　匠人（完人）下颌骨 SK15　匠人 SK847

结束在斯瓦特克兰斯的考察，我们驱车前往克罗姆德莱伊，克罗姆德莱伊在斯特克方汀洞东边 1.5 千米处。

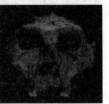

克罗姆德莱伊 A 洞（左）、B 洞（右）　　最初发现的头骨　　粗壮南猿
　　　　　　　　　　　　　　　　　　与下颌（TM1517）

下车后穿过栏栅进入遗址范围，只见杂草丛生的地面上有废坑两处，相隔约 30 米，原为两个地下洞穴，分别称为克罗姆德莱伊 A 洞和克罗姆德莱伊 B 洞，1938 年布鲁姆在 B 洞发现粗壮南猿。现在这两个坑已很不起眼，倒是 B 洞的边上有几棵小树使人感到一点生气。最近对 B 洞进行了古地磁年代测定，其年代相当于出土鲍氏东非人的奥尔都威 1 层（Bed1）的年代，即距今 180 万年。克罗姆德莱伊 A 洞的年代要稍晚一些，在该洞中也出土了人属早期代表的化石及石器，这些石器与斯特克方汀、斯瓦特克兰斯出自距今 150 万堆积物中的石器颇相似。

火神南猿的误判

此次南非之行的最后一项野外考察项目是探访马卡潘斯盖特洞穴。该遗址在彼得斯堡西南约 60 千米处，从约翰内斯堡出发至彼得斯堡约 300 千米，仍由克拉克教授陪伴我们前去考察。此次他带了两名黑人学生同往,现在南非政府正大力培养本民族的科技人员,克拉克教授非常热心地协助此项工作,因此他很受黑人学生的爱戴。

马卡潘斯盖特洞穴的发掘与研究工作,与达特教授和他的后继人托比阿斯教授关系至密。

第二次世界大战期间,达特在战时野外流动医院的职责和医学院负责人的职务中断了他的研究工作。战后,1945 年 7 月发现了盛产动物化石的马卡潘斯盖特洞穴,对它的发掘与研究工作,开辟了达特研究的新领域。托比阿斯教授组织和领导了最初的考察,当时他刚毕业不久。1946 年的 1 月、4 月、7 月先后组织了三次发掘。直至 1947 年 9 月,才第一次发现南猿化石。1948—1962 年更多的人化石被发现。由于发现"烧骨",达特教授据此订了一个新种"普罗米修斯南猿"(*Australopithecus prometheus*),普罗米修斯为希腊神话中的"盗火者",故又可译为"火神南猿"。托比阿斯却认为他与埃塞俄比亚哈达地区发现的人化石("阿法南猿"),在形态上有些相似。自 1947 年起,发掘工作主要由胡汉斯博士负责,直至 1984 年才告一段落。

达特教授研究了在此发现的数以万计的动物骨化石,创立了一种文化模式:即"骨齿角文化",认为南猿已会采集、加工和使用动物的骨齿角作为工具。此说引起很大争议,不少专家认为,貌似工具的动物的骨齿角只是其他动物,如鬣狗的作为。不过这一争论倒是促使了"埋藏学"的创立。

这是非常紧张的一天,必须赶在一天内完成考察活动! 由于路途遥远,在途中用了午餐,下午 2 点才到达马卡潘斯盖特山谷。地处南非的最北部,气候比较凉,但处处可见类似霸王鞭之类的喜热植物。这里是巨大的采石场,进入峡谷可见峭壁上钉着两个铜牌,是纪念已过世的长期在这里工作的科技人员。我极想探究的是南猿的"用火遗迹",据称在此洞穴中曾发现大量的"烧骨",达特据此将此处发现的南猿化石命名为"火神南猿",后来研究发现这是误判,我便想来到此地探个究竟。

原来是将锰化物当作碳化物了。克拉克教授带我们到一处洞壁,还保留着厚厚的角砾岩层,从中可以看到密集的黑色骨化石,这不是烧骨,而是锰化的骨块,甚至还可找到黑色粉状的锰化物颗粒。

路牌直指彼得斯堡　　指向马卡潘斯盖特山谷　　马卡潘斯盖特

不是烧骨,是锰化了的骨块

　　总的来说,在南非已知的带有南猿化石的遗址,1948年前发现的为6个地点:塔翁、斯特克方汀、克罗姆德莱伊、斯瓦特克兰斯、马卡潘斯盖特和革拉第斯维尔。1948年后发现的为德利马伦和戈多林2个地点。

　　革拉第斯维尔,在斯特克方汀洞西北14千米处,包括三个地下洞穴,早在1936年布罗姆就在此发现动物化石。1948年、1988年与2002年均进行过发掘,研究工作现在仍在进行。仅发现两颗人牙化石,种属未订。此洞的最大特点是包含了自300万年前至25万年前的堆积物,它是"人类摇篮世界遗产地"堆积物时间跨度最大的地点,现在专家们正利用几何图形信息系统(GIS)来研究洞穴埋藏状况和动物化石的定位以探索环境变化的趋向。

　　德利马伦,在斯特克方汀洞北边7千米,处在犀牛和狮子自然保护区内。在该洞内发现了人化石79件,既有粗壮型南猿,也有人属的早期代表,还发现大量的动物化石。粗壮型南猿化石中有一具雌性的头骨(被称为"欧律狄斯",为希腊神话中俄耳浦斯之妻)和相隔几厘米处发现的雄性下颌骨(称"俄耳浦斯",即希腊神话中的歌手)引人注目。头骨和下颌上的牙齿完整无缺,而两性间的形态学差异比今日的人类为大,与大猿、黑猿相类似。在德利马伦,该洞穴的年代在距今 200 万～150 万年。

戈多林,是"人类摇篮世界遗产地"中唯一处于西北省的一个地点,其他提及的地点均在豪腾省。1979 年维茨大学在此开始发掘,已获 9 万件动物化石,从中找到两颗人的臼齿化石,分属早期人属代表与粗壮南猿,时间在距今 190 万～150 万年,发掘与研究工作仍在进行中。

近些年来南非又有了新的发现:2008 年 8 月,维茨大学的古人类学家伯格教授在南非约翰内斯堡以北的马拉帕洞穴发现两具古人骨架化石,分属一名成年女性和一个男孩,经测定其年代在距今 195 万～178 万年前。新的化石被命名为"源泉南猿"(*Australopithecus sediba*),sediba 系南沙托语(Sotho),意为自然之泉或源泉。

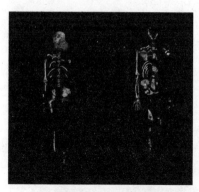

左为女性骨架,右为男孩骨架　　伯格教授手持女性头骨

复原像

经过对化石的研究,2010 年伯格认为,源泉南猿是南猿和真正人类(直立人)之间的过渡种类。他们的手、脚和骨盆上有猿类和人类特征的混合体。例如,他们的手具有猿的特征,即有适宜爬树的较有力量的手指,也有

人类特征的较长拇指。后者与其他手指结合起来就能精确握持工具。而大脑有猿类特征，但已初步靠拢人类。不过经过其他学者的进一步研究表明，其骨盆结构要比阿法南猿宽大，而与直立人相似，然而脑量之小，显得过于落后于直立人，能否作为直立人的直接祖先还很难说。

布鲁姆和罗宾森发现的人化石保存在比勒陀利亚市的德兰士瓦博物馆，而托比阿斯、胡汉斯和克拉克的发现物保存在维茨大学解剖学系。现在学术界对南非发现的早期人类化石归类为非洲南猿与粗壮南猿两类，小脚人还未正式订名，估计会往阿法南猿身上靠。至于人属早期代表，存在匠人是没有问题的，是否有能人，尚待证实。实际上，现在又发现了源泉南猿，其化石不仅要与直立人化石相比较，更须跟本地区匠人与疑为能人的化石，以及小脚人和德利马伦的发现物等作通盘的对此研究才是！

东非大裂谷：东侧故事的发生地

东非大裂谷形成于第三纪末，它从红海海岸延绵向南，经埃塞俄比亚、肯尼亚、坦桑尼亚到达莫桑比克，长度有 8000 多千米，沿该大裂谷周边有众多的南猿化石地点。

奥尔杜威峡谷（坦桑尼亚）

坦桑尼亚的奥尔杜威峡谷是东非大裂谷的一部分，东西长 50 千米，深 900 多米。这个地区原先是个大湖。在漫长的岁月里，湖水随着气候的变

奥尔杜威峡谷

化时涨时落,在这湖水一涨一落的过程中,沉积了厚厚的淤泥、细沙以及从附近火山地区飘来的火山灰。这是一个丰富的化石集聚地,正是在这层层堆积里,隐藏着无数的人类早期历史的秘密。

早在1911年,就在奥尔杜威峡谷里发现动物化石了。那年,一个德国昆虫学家在这里捕捉蝴蝶,险些从悬崖上摔下谷里去。当他从峭壁上往下爬的时候,发现了一些动物化石,之后他把这些化石带到了柏林。两年以后,一支德国的考察队来到这里进行古生物考察和发掘。后来因为第一次世界大战爆发,工作停顿下来了。

1931年,在肯尼亚工作的一位英国人路易斯·利基到这里进行发掘。工作不久,就发现了旧石器时代初期的许多粗糙石器。这些石器是在卵石的一端或一个边缘从两个侧面施加很少几下打击,剥落掉一些石片制成的,是些可以供切削用的石器,这种石器就叫作"卵石工具"或"砾石工具",这种文化类型也就叫作"奥尔杜威文化",它的年代是更新世早期。

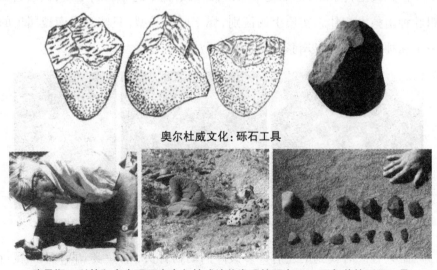

奥尔杜威文化:砾石工具

路易斯·利基和夫人玛丽在奥尔杜威峡谷发现的距今170万年前的砾石工具

但是,谁是奥尔杜威文化的创造者呢?路易斯·利基,后来他的妻子玛丽·利基也来了,在这里搜索20多年,一直没有找到。

终于,在1959年7月17日,玛丽第一次找到了人类化石。那天,路易斯正发高烧躺在帐篷里。忽然,玛丽急急忙忙地跑进来,说是发现了属于人型的化石。路易斯立刻爬起来,赶到了现场。原来这是一个头骨,已经碎成400来块。经过修复,看来还比较完整,只缺少下颌骨。利基夫妇在这里坚持不懈地工作了28年,终于取得了突破。

这个头骨属于一个青年个体,头骨粗壮,头骨上面附着肌肉的骨脊很粗硕,有粗壮的眉嵴,臼齿特别大,而门齿和犬齿却相对为小,平均脑量为520立方厘米。利基最初过分看待这些特点,把它作为一个新属,命名叫"东非人·鲍氏种"(*Zinjanthropusboisei*)。所谓"东非人",利基命名的原文是"*Zinjanthropus*","anthropus"是人,"Zinj-"据说是东非的古称。不过也有人解释它的原意是"牙齿咬得咯咯响"的意思,说是根据它的牙齿坚利能嚼坚果的特点命名的。至于种名是根据提供研究经费的一个英国人的名字(鲍赛)命名的。

但是其他科学家,例如托拜厄斯,详细研究了这个材料之后,认为它和粗壮种南猿没有什么实质上的区别,属于同一类型,只能算是南猿属里的一个新种,把它改叫"南猿·鲍氏种"(*A.boisei*)。

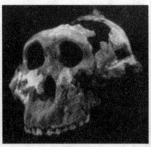

东非人头骨(OH5)   复原像

跟人骨同时找到的还有许多破碎的动物骨头,有鱼类、两栖类、爬行类、鸟类和多种多样的哺乳动物。这些骨头被认为是"东非人"吃剩的食物残渣。最令人感兴趣的,还是在头骨附近找到了许多粗糙石器,经鉴定属于奥尔杜威文化。

最初,利基按照当时一般估计年代的方法,推算"东非人"的年代是距今 60 万年以上,比北京人、爪哇直立猿人稍早些。以后经用钾—氩法、铀—铅法、钍—铅法、古地磁法测定包含"东非人"头骨化石的地层的绝对年代平均是 175 万年。

"东非人"的发现揭开了东非地区南猿化石一系列重要发现的序幕。

莱托里(坦桑尼亚)

地处奥尔杜威峡谷南 48 千米处,玛丽·利基等在此发现了被认为是距今 370 万～350 万年前阿法南猿的脚印,是双脚直立行走的模式。

玛丽·利基在足印现场　　足印现场　　一个足印放大图

哈达地区(埃塞俄比亚)

20 世纪 70 年代的南猿发现高峰是,1974 年美国考古学家唐纳德·约翰逊在埃塞俄比亚的哈达地区,找到一具保存 40% 遗骸的南猿骨架,即所谓"露西少女"(AL 288,Lucy,名字取自披头士的歌曲"在镶着钻石的天空中的露西",在发现该化石时,人类学家们的营地里恰好正播放这首歌曲),其生存年代超过 300 万年(约距今 320 万年)。在哈达地区还曾发现一处地点埋有 13 个阿法南猿个体的骨骼化石,被称为"第一家庭"(First Family,AL 333),它提供了早期人类群居的证据。他们被归为南猿中的一个新种:阿法南猿(*A. afarensis*),约翰逊认为已获得的化石表明,这类南猿已能直立行走。

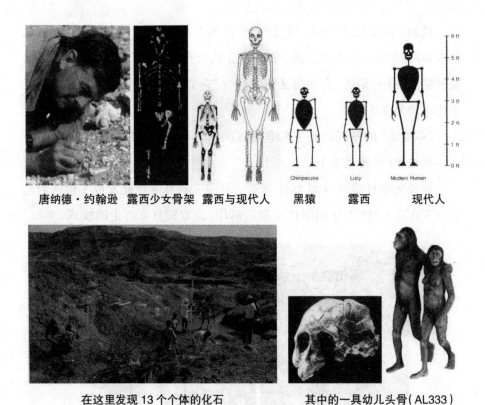

唐纳德·约翰逊　露西少女骨架　露西与现代人　黑猿　露西　现代人

在这里发现 13 个个体的化石　　　　其中的一具幼儿头骨（AL333）

　　1992 年发现一具较为完整的成年男性阿法南猿头骨（AL444-2）化石距今的年代达 300 万年。

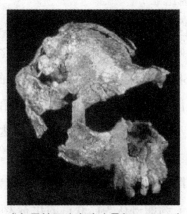

成年男性阿法南猿头骨（AL444-2）

2000年,阿来姆沙盖德在迪吉卡发现距今330万年的阿法南猿的婴儿化石。

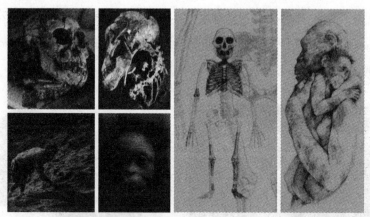

阿来姆沙盖德在此发现阿法南猿3岁女婴的骨骼化石

除了直立行走外,阿法南猿还带有较多类似猿的特点,例如脑量小(约400立方厘米),牙齿虽似人型,但是具有更多的猿性,尤其是雌雄两性间犬齿差别大。

阿法盆地的中阿瓦什(埃塞俄比亚)

1996年,来自13个国家的40多位科学家组成的考察队在阿法盆地的中阿瓦什地区,找到了距今250万年的南猿化石。由于它在形态上混杂着接近许多不同类型南猿的和人的特点,被认为是连接阿法南猿和早期人属的一个新种代表,被订名为"惊奇南猿"(*A.gorhi*)。

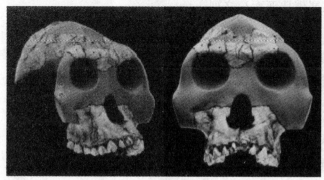

惊奇南猿　　　　　　　　　　　　　复原像

奥莫盆地(埃塞俄比亚)

1967年,由克拉克·豪厄尔和伊夫·柯本斯领导的国际联合考察队,在奥莫河谷地区发现了距今400万～150万年间的南猿化石(*A. africanus*和*A. boisei*),还找到一具之后归属到"埃塞俄比亚南猿"(*A. aethiopicus*)的下颌骨。

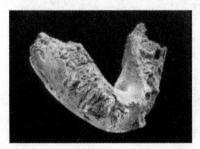

在奥莫河谷地区发现埃塞俄比亚南猿　　　**埃塞俄比亚南猿"黑头骨"**
(KNMWT17000)

图尔卡纳湖西岸地区(肯尼亚)

1985年,在肯尼亚图尔卡纳湖西岸发现了一种新类型的南猿,一个年代距今260万年的头骨化石(编号17000),头骨上面混杂着粗壮特点和另一些相当原始的特征。由于该化石表面颜色较深,被称为"黑头骨",经专家们研究后,将之命名为"埃塞俄比亚南猿"(*A. aethiopicus*),代表着最早出现的粗壮型南猿。上面提到,有些学者还将1967年在奥莫河谷地区发现粗壮的下颌骨归于埃塞俄比亚南猿之列。

图尔卡纳湖西南岸地区(肯尼亚)

1995年,米芙·利基(Meave Leakey)在卡那坡地点和东岸的奥利湾发现了21件南猿化石标本,其年代约为距今410万年,后被命名为"湖滨南猿"。它们下肢骨显示出直立行走的特点,而上肢骨却仍保留攀援的特点,下颌骨显示不少黑猿的形态特点,表明他们接近黑猿与人类分开的时间,证明分子生物学家所推测的,在距今500万年时人与猿分道扬镳可能是对的。

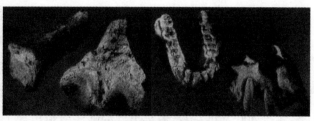

米芙·利基　　　　　　　湖滨南猿的肢骨与颌骨化石

1999年,在图尔卡纳湖西的洛梅奎,米芙·利基发现一个头骨,被命名为扁脸的肯尼亚人"*Kenyanthropous platyops*",距今年代为350万年。与阿法南猿明显不同,它具有与1470号人相似的扁平而宽的面骨和明显小的脑量和臼齿,由此推论很可能由它演化为卢道夫人,表明在距今400万~300万年间,在非洲生活着不止一个系列的原始人。近日有报道,称美国纽约州立大学科研人员在附近不远处,发现了距今330万年149件石制品,石器体积颇大,怀疑可能为扁脸肯尼亚人所制作,或是露西所为? 因为西方学界年代数据常变更,难作定论,且待进一步研究后再作取舍。

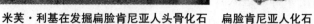

米芙·利基在发掘扁脸肯尼亚人头骨化石　　扁脸肯尼亚人化石　　扁脸肯尼亚人复原像

南猿群内的谱系

南猿的归属问题,最初颇有争议。初期限于材料不多,被看作是古猿与人之间的过渡类型。近年来随着化石材料的增多,研究的深入,尤其是找到了南猿群中某些代表所制作的石器,多数人已认为他们是最早阶段的原始人。南猿群是人类历史进程中一个很重要的阶段,曾有些学者认为他们才是真正的"猿人",所以有些人曾干脆称这一阶段为"猿人阶段"。

科学家们对南猿中的阿法种、非洲种、粗壮种和能人型这四类代表的相互关系曾有种种推测。在古人类学研究中,有关南猿群的谱系说法最为繁杂,也是学者们最为自行其是的领域。其中一个较被广泛接受的理论是:距今400万年左右,最早类型的阿法南猿出现了,他们虽然还不会制作工具,但已能频繁地利用天然物来取食和御敌,他们已会直立行走。在之后的演化过程中产生了非洲南猿,后者进一步分化为几个支系,其中有粗壮种南猿,从后者的牙齿特点来判断,这类南猿的食性为纯素食性。不知什么原因,最后他们绝灭了。

阿法南猿　　非洲南猿　粗壮南猿　鲍氏南猿　　能人　　直立人

还有一支朝杂食方面发展的,他们的食性中包括肉食成分,之后肉食成分所占的比例逐渐增大。他们已会熟练地制作工具,成为纤细型南猿群中的进步类型——能人,后期人类很可能是由能人类型的原始人发展而来的。能人之后被划出南猿群而进入真人群中。

还有一种说法,认为后期人类是从阿法南猿中直接演化而来的;另一支则通过非洲南猿继续向南猿属演化,在南非发展为粗壮南猿,在东非发展为鲍氏南猿,他们都朝素食性的方向发展,最后都绝灭了。

也有些科学家因"黑头骨"的发现而推论,人类发展的早期阶段可能不是两个分支,而是三个分支,即一支朝向人类发展;一支通过非洲南猿发展到南非粗壮南猿;而新发现的黑头骨代表另外一支,即由埃塞俄比亚南猿发展到鲍氏南猿。

20世纪90年代发现了一批距今400多万年前的人科化石，它们与后期代表的关系虽不是很明朗，但亦有种种推测。就湖滨南猿、扁脸肯尼亚人而言，有些专家认为是阿法南猿的祖先，也有人认为可能属于另一支系，说法不一，且看今后进一步研究的结果。

南猿体质形态与文化特点

现在古人类学已拥有数以百计的南猿化石残骸，男女老少均不乏其例。其中有完整的头骨、上颌、下颌、牙齿、破碎的肩胛骨、髋骨和手、脚骨，甚至还有保存40%遗骸的骨架。

通过对这些材料的研究，总的来说，南猿阶段体质形态的最大特点是：身体结构因适应地面上直立行走的生活方式，发生一系列相应的变化：有比较短缩的吻部，后枕部附着颈肌的骨质突起呈水平状，枕大孔位置向前移，处于接近颅底中央的部位，骨盆基本形状与人相近，脚骨、特别是朝前的大趾与人相似，这表明南猿已能很好地直立起来。化石材料还表明，他们适于用两足行走，但因为南猿骨盆的上部是朝后延展的，不像人类那样侧展，因此在行走时身体稍向前倾。此外，他们的股骨，其股骨头以下的颈部，较扁而不像人类呈圆形，所以推测南猿大踏步时的步态不会那么稳当。此外，上、下肢骨仍保留攀援的特点。

南猿（猿人）是一个庞杂的群体，随着新材料的不断发现，南猿类型显然已比原有概念中的南猿有所扩展，既包含尚未学会制作工具的"前人类"，甚至还有"真人类"代表。南猿的体质类型多样，根据身体特点来看，至少可以分以下几种类型：

在目前已发现的最早期的南猿是距今400多万年的"湖滨南猿"。研究者认为他们的体质既有接近黑猿的特点，也有接近距今300多万年的"阿法南猿"的特点，自然还具有其特有的性状。值得注意的是，它们的下肢骨显示直立行走的性状，却仍然保留着攀援的特点。有些研究人员认为，这类南猿化石的出土表明，分子生物学所推测的距今500万年左右人与猿分道扬镳,可能是对的。

晚一些的类型为"阿法南猿",以 1974 年发现的"露西少女"为代表。此外,在莱托里及奥莫河谷等地区亦有他们的踪迹。这类南猿生存在距今 370 万～300 万年前。已获得的化石表明,这类南猿能直立行走,但科学家们对他们直立行走的能力有所争议。

阿法南猿能直立行走

有的认为"露西少女"已能像现代人似的完全直立行走;有的则认为她的直立姿态尚不完善,还未摆脱部分在树上攀援的习惯。虽然有些专家认为玛丽·利基在莱托里地区发现的距今 350 万年前的南猿脚印,很可能是阿法南猿留下的。但另有些专家却认为,根据"露西少女"股骨的特点看,她的步态还达不到这些脚印所展示的进步程度,因此怀疑这些脚印是否是尚未发现的另一种化石人类留下来的。不管怎么说,大家都承认这一阶段的代表已能直立行走。

实际上湖滨南猿以及阿法南猿还只算是"前人类",因为在出土这类南猿化石的层位中迄今还未找到他们制作的石器,能否发展到制作石器的地步还不清楚。

在阿法南猿之后,距今 300 万年左右,开始出现了可能属于最早"真人类"的南猿,即"非洲南猿",也就是早在 1924 年发现的一类南猿,他们主要分布在南非和东非。这种南猿身躯较小，头骨表面较光滑，上面骨脊不发达，门齿和犬齿大，而臼齿相对较小，但与现代人相比，他们的臼齿大得多。脑量为 500 立方厘米，他们又被称为"纤细南猿"。

最后一种类型是一种体质很粗壮的南猿，至少在距今 220 万年前就已出现了。他们个体大，头骨粗壮，臼齿特别大，而门齿和犬齿相对为小，平均脑量为 520 立方厘米，他们被称为"粗壮南猿"。

南猿是多型性的复杂群体，有些学者认为南猿群后期代表基本上可分为两大类：粗壮型（左）与纤细型（右），是食性的不同而引起的粗壮型南猿（可分南非、东非两种地方型）——素食性；纤细型南猿（非洲南猿）——杂食性，包括相当多的肉食

粗壮南猿最初分为南非和东非两种地方型。南非的粗壮南猿最早是 1936 年在斯特克方汀发现的；后者最有名的代表是 1959 年发现的鲍氏南猿"东非人"，外形更为粗壮。1985 年，在肯尼亚发现了距今 250 万年的"黑头骨"化石，命名为"埃塞俄比亚南猿"，成为第三种类型粗壮南猿。有些专家鉴于粗壮南猿的特殊形态，之后未获得发展而绝灭了，认为他们可以另立一属，取名为"傍人"属，埃塞俄比亚傍人（"黑头骨"）可能是祖先型，由它演化出粗壮和鲍氏两种傍人。

最早的石器是在东非地区找到的，在图尔卡纳湖东岸的科比·福拉地区，据称曾找到距今 261 万年前的石器。后经复核，认为不出 200 万年。并不是所有学者都认为这些简单的石器（所谓"卵石工具"或"砾石工具"，属"奥尔杜威文化"）是非洲南猿制作的，有些人认为它们可能是另一类更高级的原始人——"能人"所制作的。

关于粗壮南猿能否制作工具说法不一,多数专家说不能。但曾在非洲工作多年的美国学者豪厄尔教授1975年访问我国时,曾告知于我,南非的克罗姆德莱伊B地点和东非图尔卡纳湖有地点出土了石器,而同时发现的南猿化石均属粗壮型,为此有理由认为,粗壮南猿也是会制作粗糙石器的。美国纽约州立大学人类学家研究了南非斯瓦特克兰出土的22个粗壮南猿的手骨化石,表明它们具有像人那样准确的执握力,据此推论,粗壮南猿完全具有制作和使用工具的能力。为此有理由认为,粗壮南猿也是会制作粗糙石器的。

不论是纤细型的非洲南猿或粗壮型的粗壮南猿,只要其中的代表能制造和使用石器,就进入真人类的行列!

南猿的生活方式

据推测,南猿的社会组织较简单,他们形成不大的群体在一起生活。原始人群内部的婚姻关系可能已有初步的限制,也可能用简单的语言进行相互间的交际活动。南猿过着原始采集和狩猎的集群生活,生活相当艰辛。在发现"露西少女"骨骼的地方曾找到一些龟和鳄鱼蛋化石、螃蟹的壳,推测她可能生活在湖边,这些水生生物可能是她的食物。在哈达地区还曾发现一处埋有13个个体的骨骼化石遗骸,其中有大人、小孩。他们可

南猿过着采集和狩猎的生活,有时也吃食腐肉

能死于自然灾害,暴发的洪水淹没了他们。这个地点提供了早期人类群居的证据,为此有人将其称为人类的"第一个家庭"。

曾发现一具南猿幼年头骨上有被豹叼过的痕迹,推测该南猿死于豹子的袭击。实际上南猿的生活确实充满了灾难,南猿阶段是人类艰辛的童年时代。

豹子叼着南猿

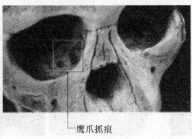

鹰爪抓痕

汤恩小孩头骨的眼眶中有鹰爪抓痕

总之,原始人类在人类形成的过程中曾经历了南猿群这个历史阶段。毫无疑问,各种类型的南猿是原始人类进化历程最初阶段的主要成员,其中有些已会制作和操作工具的代表,促使原始人类朝下一阶段顺利地过渡。

中国有没有"南猿"

1975年有学者宣称,在湖北建始县的高坪"龙骨洞"与巨猿牙齿同一层位中,发现"南猿"牙齿化石3枚,其地质时代为早更新世晚期。另外从巴东县中药材经理部处获得一枚形态似人似猿的牙齿化石,推测其年代与建始标本相近,故一并加以研究。原研究者通过对比研究,认为在一些细节上与南方古猿较为接近,可能与南方古猿的纤细类型接近程度要大于与粗壮类型接近的程度,因此很可能这些鄂西标本"代表南方古猿在亚洲的一个新的种类"。

1998年,我在美国加州大学人类进化研究室的收藏品中,发现有鄂西"南猿"PA504与507、印度尼西亚魁人及半人等牙齿标本的模型,遂与美国学者艾特勒博士利用这些材料进行了观察与研究。我们还将之与广西的褐猿牙齿化石、云南的古猿以及巫山材料均进行了对比,发现在鄂西标本上存在明显接近古猿的原始特点。鄂西标本咬合面上多折皱,与印度尼西亚桑吉岭标本的较光滑很不相同,所以我们认为鄂西标本(甚至包括"裴氏半人")的属性最大的可能是古猿的牙齿化石,可以归属于云南西瓦猿之内。

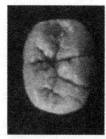

鄂西标本(PA504)　　　禄丰猿　　　　　化石褐猿(左)、"裴氏半人"(右)

我国是否有南猿的存在?还有待于发现更多的材料才能阐明。

第四节　能　人　群

距今250万年"人属早期代表群"出现,他们以能制作工具而进入"真人类"阶段,产生了诸如"能人""卢道夫人"等代表。在距200万年左右,他们离开非洲扩散到欧亚大陆。到达欧洲的为先驱人,到达亚洲的为早期直立人(如元谋人)。至于我国有否能人的存在,目前还没有确凿的证据证实这点。

东非的能人

1961年,路易斯·利基的大儿子乔纳桑·利基在奥尔杜威峡谷发现了"能人"(*Homo habilis*)头盖骨和足骨化石,之后在其他地点又陆续有发现。能人是南猿群中的进步类型,他们的身体特点比较接近于下一阶段的直立人,例如,脑量大得多,可达670立方厘米;在颌骨和臼齿结构上两者颇为相似。过去在奥尔杜威峡谷发现的砾石工具,"奥尔杜威石器",曾被认为是由东非人所制作,能人化石发现后转而认为是能人制作的了。他们之所以被称为"能人",即表示他们是有熟练技能的人。据此,有些科学家将他们划出南猿属的范围而列入"人属"之内。

在奥尔杜威峡谷发现的能人化石　　库比·福拉的能人头骨　　能人复原像

距今170万年前的砾石工具,为能人制造

20世纪70年代以来,路易斯·利基的二儿子理查德·利基在肯尼亚图尔卡纳湖东岸的库比·福拉进行发掘。1972年他发现了编号为KNM—ER1470号的头骨,被称为"1470号人",最初被认为是最完整的能人头骨,它的距今年代为190万年,与在奥尔杜威峡谷发现的能人化石的年代大体相当。1986年,苏联学者阿列克谢也夫教授强调"1470号人"的面骨扁平,进一步将它命名为"卢道夫人"(Homo rudolfensis),这是循图尔卡纳湖的旧名"卢道夫湖"而来。这一名称已被部分学者所接受,并认为从形态特点和较大的脑量(达到775立方厘米)来看,且在脑颅内膜上相当于控制语言的部位已有隆凸现象,据此,有专家推论它可能已有原始的语言了,可能是由卢道夫人,而不是能人演化为以后的"匠人"。

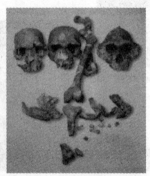

理查德·利基和他的妻子米芙及他发现的人类化石

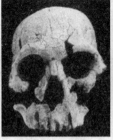

卢道夫人(1470号人),头骨由150碎片拼凑成　　卢道夫人复原像

南非的能人

前面我提到南非的斯特克方汀的堆积物上下可分五个单元,在中、底部距今 300 万～200 万年间的层位中出土了属于非洲南猿的化石,其中最著名的为原来称为"迩人太太"的头骨化石。而在上层堆积中出土了人属早期代表"匠人"的化石。除人化石外,斯特克方汀还出土了丰富的动、植物化石以及原始人文化行为的最早证据:即为他们所使用和制作的石器。据著名的史前考古学者库曼的研究,斯特克方汀出土的石器属于两个时期,最早的为距今 200 万～170 万年的奥尔杜威石器,托比阿斯教授认为它的主人可能为"能人",在遗址里找到一具残破头骨,托比阿斯教授认为是"能人",不过有争议。其次为距今 170 万～140 万年的早期阿舍利石器,它的主人可能为匠人。

能人的体质形态与生活

能人是南猿群中产生的进步类型,最早在 1960 年发现于奥尔杜威峡谷。他们是进入人属的最早代表,他们的身体特点比较接近于下一阶段的直立人。例如,颌骨和臼齿结构两者颇相似,脑量也大得多,可达 670 立方厘米。奥尔杜威工具大都为他们制作的,因此被称为"能人",据此,有些科学家将他们划出南猿的范围而列入"人属"之内,代表着现代人的嫡系祖先,生存时代约在距今 200 万年以上。不过也不能不看到,已发现的能人肢骨和前部牙齿十分原始,与人属的其他成员很不相同,所以有的人宁可将其归于纤细型南猿之列,作为后者的进步类型。能人型的代表曾延续到很晚时期,除了在东非,在南非也找到了他们的踪迹。有些学者还将在印度尼西亚发现的"魁人"下颌骨归于能人之列。

关于非洲发现的早期石器,其中以在埃塞俄比亚戈纳地区发现的石器最引人瞩目,据称其距今 260 万～250 万年前,被认为是迄今已发现最早的石器。南猿群中的某些成员如卢道夫人和能人是非洲早期石器的主人,这些石器称为奥尔杜威石器,属于旧石器时代早期文化,可分原始的和发达的两个时期,随之而来的为早期阿舍利石器,属阿舍利文化,它最初发现于欧洲旧石器时代早期遗址中。

埃塞俄比亚戈纳出土的旧石器时代早期"奥尔杜威石器"距今260万～250万年,为目前已知最早的石器

中国的"能人"

在中国华南地区目前已发现三处与巨猿共生的人形超科化石材料,它们是广西柳城巨猿洞中的一段上颌残片,湖北建始、巴东地区所谓"南猿"类型4颗牙齿以及四川巫山龙骨坡的一段下颌骨残片与一颗上外侧门齿化石。其中巫山材料被有些学者大肆渲染为中国的"能人",即"巫山人",或又称"东亚人"!此外,还有专家称在云南元谋盆地里发现"能人",或又称"东方人"!它们是"能人"吗?

"巫山人"

巫山材料系20世纪80年代在四川省巫山县龙骨坡洞穴堆积中发现,由带MP4和M1的一段下颌骨(CV1939.1)以及一上外侧门齿为代表。其详细内容在本书第五章第二节"中国的古猿"一段中已作详尽阐述,此处不再重复。

元谋盆地的"能人""东方人"和"蝴蝶人"

1986年,农民李云芬将她在元谋县城竹棚村豹子洞箐采集的一袋脊椎动物化石,送到云南省地质科学研究所,该所专业人员从中发现了一枚灵长类牙齿化石。江能人等进行实地调查,认为该化石出自晚新生代含三趾马化石的地层,据称还从地层中找到"骨器"。江等以后撰文认为该牙齿形态上介于古猿与直立人之间,应属早期猿人,故暂定名为"能人·竹棚种"(*Homo habilis zhupengensis*),简称"竹棚猿人"。但是该文中未见形态学上具体的描述,也未说明何以介于古猿与直立人之间。

自在元谋盆地发现这一枚牙齿化石以来,云南省有关单位在该地区进行多次调查与发掘,除竹棚外,还在小河蝴蝶梁子发现了许多古猿牙齿化石,后者最初被鉴定为"拉玛猿",所谓"蝴蝶拉玛猿"(*Ramapitthecus hudienensis*)。据称以后还找到"伴生的石器"和"骨器"。张兴永等人认为既然他们已会制作工具,当可将竹棚豹子洞箐地点的"竹棚猿人"重新命名为"东方人"(*Homo orientalis*),算是中国迄今已发现的人属最早成员;而林一璞等人更将在小河蝴蝶梁子发现的古猿改定为"蝴蝶人",认为它是比"东方人"还要早的会制作工具的原始人类。

"蝴蝶人"的正型标本(左),其雄雌个体大小不一(右)

根据云南省古人类研究领导小组交派的任务,我于1990年12月底至1991年1月初,对与古猿化石伴生的"石器"与"骨器"进行了调查与研究。

有关竹棚地区豹子洞箐地点发现"东方人"("竹棚能人")的报道中,多次提到"同时伴出骨器""同时伴出石器"。作者在元谋现场调查并查询现场发掘人员时获知被报道的"石器"与"骨器"竟无一件是出土于豹子洞箐地点的地层之中。在报刊的图片中披露的"骨器——麂角制品"原系获自蝴蝶梁子8701地点，根本不是来自豹子洞箐。这件麂角残块并无人为加工的迹象。在报刊图片中披露的两件"石器"照片，原物发现于1986年12月4日，均系地表上采集物。除这两件人工制品外，在元谋人陈列馆的库房内尚收藏另外几件由地表上采集来的石制品。1997年春，作者再次在该地点进行考察，在地表上不仅找到有人工痕迹的石片，还找到典型的细石器器物和细石叶。总之，到目前为止，还没有从地层中真正找到过与"东方人"伴出的石制品。

1987年2月，在位于元谋盆地西北小河地区的蝴蝶梁子找到了动物化石和古猿牙齿化石，同时还从地表拣到一件被认为是"骨器"的一段麂角，就是这件标本，之后竟被当成是"东方人"的"骨器"。当年3月在此正式进行发掘，一共发掘了4个点，所谓出土"石器""骨器"的8704地点处在山丘之间冲沟北坡下部。在发掘该地点时所见，顶部的红色风化壳厚约4米，往下为棕红色砂层与黄色粉砂层，其厚度各为1~2米不等，以上两层均产有人猿超科化石、动物化石与"骨器"，但没有发现"石器"与石块。再往下为1~2米厚的砂层，系由流水搬运而沉积下来的花岗岩风化物，所有"石器"、部分"骨器"均产自该层内。根据所含的动物化石与堆积物性状判断，含有这些发现物的层位其地质时代至迟为距今400万年左右，故这些石块被认作是迄今已知"最早"的"古文化遗存"，"蝴蝶人"即因此而来。然而研究表明，这些所谓的"石器"和"骨器"，纯属自然营力造成的"假石器"和"假骨器"，并非人为制作的工具。

原研究者根据出现所谓"伴生石器"而创立的"东方人"和"蝴蝶人"，并没有考古学上的依据，因此跨不进"真人"的门槛，也就是进不了人属内。更不用说这些古猿化石本身的形态特点距离人类就更远了。研究表明，所谓"东方人"牙齿化石，分明是古猿的牙齿化石，与蝴蝶梁子出土的古猿牙齿化石别无二致。

到目前为止，在我国还没有发现确实无误的能人或更早人类的化石。

第五节　直立人群

直立人最初被称为"猿人"。

德国进化论者黑克尔最早提出了"猿人"的概念，把它作为古猿与人之间的过渡形态。1891 年首次在印度尼西亚的中爪哇岛发现爪哇直立猿人以来，这类化石在旧大陆已有广泛的发现，现在被称为"直立人"（*Homo ergaster*），为原始人类演化第三阶段的代表，是为"人属中期代表"直立人群。在非洲，直立人被称为"匠人"（*Homo ergaster*），而在欧洲，则被称为"海得堡人"（*Homo heidelbergensis*），在亚洲仍沿用直立人称呼这一阶段原始人。直立人主要生活在距今 200 万～15 万年前的早更新世中期至中更新世的晚期。

爪哇人——最早发现的直立人

年轻的荷兰解剖学家杜布哇，在进化论思想的影响和鼓舞下，对于人类起源问题进行了研究，并且相信海克尔关于在亚非热带地区曾经生活过

杜布哇　　　　中爪哇东部梭罗河畔的垂尼尔，
　　　　　　　爪哇直立猿人化石就在此发现

人类祖先的推测,抱着要寻找早期人类遗骸的强烈愿望,来到印度尼西亚的爪哇岛。1888 年,他在考察了印度尼西亚的动物群之后发表了一篇文章,表露了他的坚定的信念:无论看哪种猿,不用说也包括类人猿,它们都是住在热带地区的。当人类的祖先逐渐褪掉身上的体毛变成赤身裸体的时候,也一定是居住在热带地区的。所以人类祖先的化石只能在热带地区找到。

不久,杜布哇果真找到了早期人类的遗骸,这就是著名的"爪哇直立猿人",发现的地点是在中爪哇东部梭罗河畔名叫垂尼尔的地方,在那里以前经常发现不少绝种动物的化石,它们和黏土、沙石胶结在一起。

在垂尼尔发现的第一个爪哇人头盖骨

1890 年,杜布哇先在离垂尼尔 35 千米的克东·勃鲁布斯找到一块人类下颌骨的残片。1891 年,在离垂尼尔不远的地方,在地表下 15 米处发现了一颗牙齿和头盖骨,这是爪哇直立猿人一号头盖骨。1892 年 8 月,在离头盖骨 15 米远的同一地层里找到了一根完整的大腿骨,10 月又找到两个牙齿。杜布哇认为这些人骨化石是属于同一个体的,由于河水的冲刷而离散了。许多年之后,从垂尼尔的搜集物里又捡出四段大腿骨。

杜布哇研究了这些材料,根据头盖骨的特点,认为这正是要寻找的猿和人之间的"缺环",于是采用了海克尔原先给推测中的缺环所取的名字"不会说话的猿人"中的"猿人"作为属名;又因为大腿骨和现代人相近,表明他们已经能直立行走,所以给他取个种名叫"直立种"。正式学名就是"猿人·直立种"——直立行走的猿人。他所发现的牙齿化石,其中有两个,之后有人认为是褐猿的,不属于猿人。

海克尔知道了杜布哇在爪哇发现这一个重要的人类化石的消息,十分兴奋,马上给杜布哇打了一个电报,称赞他"从猿人的幻想者成了幸运的发现者"。

杜布哇关于猿人的研究报告最初发表在一个不著名的矿业杂志上。后来他觉得这个发现的意义重大,1894 年又写成了小册子,宣传自己的见解。他认为"根据进化论学说,这是存在于人和猿(类人猿)之间的中间类型的生物,只有它才是人类的祖先"。

在与猿人同一层位里还发现了不少绝种的动物,根据这些动物化石,当时地质学家一般认为,直立猿人的生存时代即使不是在第三纪末,也是在第四纪的更新世初期。

杜布哇的发现在科学界引起了巨大的争论。不少科学家表示反对,认为这些骨骼不属于同一个体。有人说,头盖骨是长臂猿的,牙齿是褐猿的,大腿骨却是现代人的,也有人说,这些骨骼是属于一个畸形的、不是正常发育的猿的,和人毫无关系。最大的反对又是从教会来的,教会坚持说,人类祖先是亚当,哪能是猿人呢?但是也有许多人支持杜布哇的见解。

1895 年,在荷兰来登召开的国际动物学会议上,对杜布哇的发现展开了激烈的辩论,有 12 个人发表了意见。其中 3 个人认为属于猿类,3 个人认为属于人类,另外 6 个人认为是从猿到人的过渡形式,就是人类起源进化线上的"缺环"。曾经否认尼安德特人是"史前"时期的古人类的德国病理解剖学家微耳和,在会上大放厥词,把爪哇直立猿人化石说成是普通长臂猿的。但是坚持正确意见的还是多数,说明达尔文等有关人类起源的学说已经得到了比较多的人的承认。

杜布哇 1894 年带着猿人材料从印度尼西亚回到荷兰,由于经受不了"大人物"的压制和教会势力的攻击,竟把标本锁在箱子里,谁也不让看。一直到 1922 年,在 28 年之后,才又拿出来让当时一位著名的美国人类学家海德利希加进行研究。

爪哇直立猿人再度露面，争论依然很大。主要问题是，头盖骨像古猿，大腿骨却跟现代人接近。它们究竟是不是属于同一个体？众说纷纭。1927年起在我国北京附近的周口店开始发掘北京猿人的遗址，找到了很多材料，证明北京猿人也有一个像猿的头盖骨，和现代人相近的大腿骨，表明他们能很好地直立行走。这一场延续了几十年的争论才渐渐平息。

20世纪30年代，另一位荷兰（后改入德国籍）学者、古生物学家和人类学家孔尼华，继杜布哇之后，来到了印度尼西亚。他在爪哇岛上继续进行发掘工作，除在垂尼尔还在桑吉兰、莫佐克托等地点又发现了一些猿人化石。

在印度尼西亚，现已发现人化石地点6个，分布于中爪哇和东爪哇，都在梭罗河沿岸，地质时代从中更新世到早更新世。发现的人化石不下40个个体的80多件人骨化石，男女老少都有。其生存年代，垂尼尔的最上一层为距今49.5万±6万年前，其下一层为距今73万±5万年前。桑吉兰的平均年代为距今83万年前，但两个直立人头骨出土点地层的年代为距今166万年。莫佐克托出土的距今年代为190万±10万年前。

爪哇直立猿人二号头盖骨1937年孔尼华发现

桑吉兰17，1969年发现，距今166万年

2003年在印度尼西亚弗洛里斯岛上的梁布洞穴中发现距今1.8万年前的弗洛里斯人（*Homo floresienses*）化石，化石显示弗洛里斯人身高约1米，完全两足直立，颅骨非常小，脑量仅417立方厘米大，头颅有后倾的前额、下颌无下颏（下巴）和像人一样的牙齿，后倾的前额与无下颏是与直立

人相似的特点,绰号"霍比特人"。至少 7 个人已经被发现,包括男性。它的发现引起学术界巨大震动,认为古人类中出现了前所未闻的一个新种类!

印尼弗洛里斯岛上发现"霍比特人"的梁布洞　　弗洛里斯人头骨　　复原像

弗洛里斯人头骨与现代人头骨比较

　　解剖学家玛西耶·亨尼勃格声称头颅极其类似于来自克里特的一件小脑症疾病患者标本。我在访南非维茨大学时,与托比阿斯教授谈及这一发现时,也以为有小脑症之嫌。然而美国多个研究机构的科学家与化石发现者,利用计算机X射线断层摄影术对化石颅骨进行了扫描,然后根据扫描图像制造出"弗洛勒斯人"的脑部模型。接着,科学家又将该模型与黑猩猩、直立人、矮人(卑格米人)、智人以及一个"小脑畸形症"患者的脑部模型进行了比较。从大脑结构判断,该化石的主人既不是"小脑畸形症"患者,也不属于矮人,被认为是直立人的远房亲戚。

　　岛上还出土了石器和许多动物化石,这些石器就散落在头盖骨的旁边。证明了弗洛里斯人集体活动,以猎杀侏儒象、科莫多巨蜥和巨鼠为食。

　　弗洛里斯岛矮人化石的发现,确是古人类学研究中的特例,说明人类起源过程极为复杂,弗洛里斯岛矮人究竟从何处而来呢?何以形成如此怪异的体质?众说纷纭,有专家认为是否"岛屿法则"(或称为福斯特法则)使然?按此法则,岛屿上的小型动物会越来越大,而大型动物会越来越小,比如侏儒象、哈斯特鹰和科莫多巨蜥,产生所谓岛屿侏儒化的现象。弗洛里斯人是否也是由同样的机制导致呢?不过有些专家认为最大的问题是,弗洛里斯人小得太过分了。专家们试图破解谜团,可惜大部分的传统方法都对此束手无策。最终大概还得通过古 DNA 的研究方法才能解决这些问题。

石器　　　　　　身高1米的弗洛里　　　　与俾格米人(左)回来
　　　　　　　　斯人搜寻食物　　　　　　和正常人(中)相比

不管怎么说,弗洛里斯人是过去50年间古人类学中最重要的一项发现,表明在现代人出现前,除了尼安德特人和化石智人外,还有弗洛里斯小矮人,可能还有更多的新种群待发现……人类起源与发展的过程远比我们现在获知的要复杂得多!

海得堡人的发现

20世纪初期,在猿人化石方面,除了爪哇猿人,在欧洲也曾经有所发现。

那还是在1907年10月的一天,德国海得堡城附近的毛埃尔村,有一个工人在一个大沙坑里挖沙,在离地面24米深处,发现一具非常完整的原始人类下颌骨。这具下颌骨十分粗硕,形态上结合了猿和人的特征——下颌外形特点像猿,可是牙齿的特点完全属于人的类型。以后在同一层位里还找到丰富的动物化石,有35种之多。

　　专家们对这些伴生动物做了研究,断定它们的生存年代是更新世中期,估计距今大约40万年以上,当时那里的环境是一个比较潮湿的森林。这块下颌骨当时认为是在欧洲首次找到的猿人化石,就叫它做"海得堡人"(*Homo heidelbergensis*)。不过也有人认为,这具下颌骨不仅和之后发现的北京人相似,和尼安德特人也很相似,把它放在靠近尼人的位置上也未尝不可。

化石发现地——毛埃尔村附近的沙坑　　海得堡人下颌骨化石

　　现在已将欧洲发现的许多直立人化石,如法国陶塔威(阿拉贡)人、英国"司万斯孔贝人"等多归到海得堡人名下,如此一来,海得堡人代表着欧洲后期直立人群,是尼安德特人和化石智人的祖先了。

北京人的发现

　　北京人化石的发现有点传奇性。

　　早在1899—1902年,有个旅居北京名叫哈贝尔的德国医生好在中药铺龙骨堆里淘化石,之后这些化石被送到了德国慕尼黑大学,由施洛塞尔教授进行了鉴定,从中竟发现一颗似人的牙齿化石,1903年予以公布。后来我国农商部下属的地质调查所聘任瑞典地质学家安特生为"矿业顾问"，安特生是个考古迷，循着哈贝尔蒐集的化石可能来自京郊西部的线索，他追踪到西山脚下的周口店。最初是 1918 年找到"鸡骨山"，1921 年安特生与奥地利古生物家斯丹斯基和美国中亚考察团的谷兰阶，在当地山民指引下找到"龙骨山"，当时从堆积物中居然发现几块石英碎片，安氏见此开玩笑地说"这下面可有原人呢"，还真给他说中了，最后这里发现了轰动世界的北京人遗址！

1921 年和 1923 年斯丹斯基前后两次来到此地进行小规模试掘，发掘所获化石送到了瑞典乌普萨拉大学维曼教授处，最初发现 2 颗原始人牙化石。1926 年瑞典皇储访问北京，在欢迎集会上，宣布了这一重大发现，引起各方面广泛注意。在协和医学院任职的加拿大解剖学家布达生的鼓动和活动下，由美国石油大亨洛克菲洛基金会提供资金，1927 年正式系统发掘龙骨山化石地点，主持发掘的除瑞典古生物学家步林外，还有中国学者李捷。当年 10 月 16 日发掘出一颗保存良好的下臼齿化石，经布达生的研究，创立原始人的一个新的种属，依在北大任教的美国古生物学家葛利普的建议，命名为"*Sinantheropus pekinesis*"（中国人·北京种），翻译为"中国猿人"或"北京猿人"，简称"北京人"。

1929 年 12 月，在中国学者裴文中主持下发掘出第一个完整的北京猿人头盖骨化石，该头骨化石由布达生做了初步研究。很可惜布达生因心脏病发作，晚间逝世于办公室内。后来德国犹太裔学者魏敦瑞接手，他在北京人化石的研究上，做出杰出贡献。其间参加发掘和研究的还有法、荷、英等国的学者。1936 年在贾兰坡主持下，又发掘出 3 个头盖骨，截至日本侵华战争爆发之前，共发掘出属于 40 多个个体北京人的骨骼化石。1937 年因日本侵华战争爆发，发掘工作中断，直至中华人民共和国成立后才恢复发掘。在解放初期进行一次清理，发现北京人几颗牙齿和两段肢骨残块。20 世纪 50 年代进行了一次挖掘，发现一具相对完整的下颌骨，当时有部《中国猿人》的电影就曾反映过本次挖掘的情况。

　　20世纪60年代在裴文中教授领导下,继续发掘周口店遗址第1地点,在较高层位中发现了北京猿人额骨和枕骨残片等,它们与中华人民共和国成立前发现的颞骨构成了一个不完整的头盖骨。20世纪70年代也曾较大规模地发掘,找到不少动物化石和石器,但没有发现人化石。

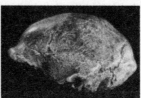

最早发现的北京人牙齿化石　　1929年发现的第一个头盖骨　　发现头盖骨时的裴文中

第二次世界大战中失踪的部分北京人化石

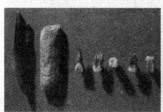

现存的北京人化石

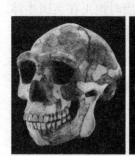

新复原的北京人男性头骨　　苏联格拉西莫夫复原的北京人　　1979年,我所指导复原的北京人像

最近进行保护性发掘,可惜没有新的人化石发现,不过也有可喜的发现,日前公布了2011—2014年对遗址第1地点(猿人洞)第4层的发掘成果:共出土可鉴定标本上万件,其中包括近4000件石制品,可鉴定的大中型动物骨骼标本3000多件,另外还出土了啮齿类、鸟类等小型动物化石2000余件。此次发掘不仅发现大量石制品,同时发现第4堆积层有火塘、原地烧结土、烧石,特别是烧骨等用火遗物、遗迹的密集出现,研究表明遗址疑似用火区沉积物很可能经历了700℃以上的加热,而自然火一般无法达到如此高的温度。这些沉积物可能受到人类控制用火的作用。此外还组织了磁学、释光特性、微形态、元素碳、植硅体、孢粉、红外光谱分析等检验,发现第1地点的第4层和第6层灰烬中含有硅质体,即找到了证明"北京人"用火的证据,说明"北京人"在第4和6层所处的年代已确实可以控制用火。

动人的发现,永恒的魅力

自1903年宣布发现似人牙化石以来,周口店地区经过众多国家数十位学者参与发掘和研究,已有百年历程,而且发掘与研究仍在继续中……

龙骨山是座宝库,不只有北京人遗址,原始人从距今70多万年前到此驻足之后,走了一批又来了另一批,陆续在此生活、繁衍,直至两三万年前山顶洞人在他的洞穴之家留下史前艺术之瑰宝。北京人第一个头盖骨化石的发现被誉为科学发现史上"最动人的发现",此盛誉的出处来自我大学时代的老师、我国著名的人类学家刘咸,他曾告诉我,当时他正在英国牛津大学留学,1929年12月9日,伦敦泰晤士报科学版用头条消息刊载了北京专电,报道北京人头盖骨发现这件事。当天晚上,英国皇家人类学会牛津大学分会召开讲演会,会上英国著名的人类学家施密斯作专题报告,讲裴文中发现北京人头盖骨的重要意义,并且介绍了周口店第一地点的地质情况和头骨的情况。讲演完毕,他跟当时在场的刘咸握手说:"你选对了研究的专业,今后将会有大量的工作要做。"施密斯在1931年10月出版的《寻找人类的祖先》一书里对于这个发现进一步评价说:"这是在古人类学全部历史中最有意义、最动人的发现！"科学上有关"猿人阶段"人类体质特征上的知识，最初主要就是从详细研究北京人的化石遗骸得到的。厚达 40 多米的北京人遗址堆积物中，出土了大量的动植物化石，不仅提供生物演化最直观的证据，更是古气候、古生态环境变迁的信息库。数以万计的史前文化遗存，不仅是人类物质文化演变的直接见证，也反映了北京人多彩生活。

北京人化石的发现，挽救了印度尼西亚爪哇猿人的长久不被科学界接纳的厄运。不过北京人的发现，居然一度阻碍了学术界对南猿"塔翁幼儿"的认同。由于与北京人脑量相比较，塔翁幼儿的脑量远小得多，故而南猿化石在人类演化中的地位，迟迟得不到学术界的承认。令人庆幸的是，最早发现南猿化石的产地和北京人遗址最后都成为世界文化历史遗产地！

虽然之后发现了一些与北京人相类似的遗址，像法国的塔达威尔遗址，但在世界上像龙骨山北京人这样富于生命力的史前遗址是屈指可数的，它具有永恒的魅力！

裴文中的业绩

裴文中认为第一头盖骨化石的发现与辨认固然重要，然而辨认出北京人制作和使用的石器其意义更为深远。安特生虽然早就发现石英碎片，但无法证明它是人工制品，布达生在 1930 年发表第一个头盖骨的论文中，断然宣称：没有看到任何人工的制品，也没有发现用火的痕迹！英国人类学家施密斯在同年出版的《寻找人类的祖先》书中据此推测"看来，北京人还处在这样一个早期的发展阶段上，似乎还不曾开始制作石器以供日常生活中使用"。

在这一片怀疑与否定声中，裴文中顶着压力百折不挠地进行探索，终于冲破迷雾，获得成果！1979 年他在审阅我的《北京人》文稿时，特地撰写一段文字来表征这一点，还特别注明"应加这样一段"：

安特生虽然指出周口店有外来石块，但早期发掘者，只是注意人类化石的寻找，一直到 1929 年秋季，裴文中才在下洞里找到三四块石器，认为可能是人工找（打）制的，后来又发掘鸽子堂东部，又发现了大量的石英碎片，与人化石共处于同一地层内，于是裴文中就采集这许（些）石片，等把它们运到北京之后，当时的翁文灏所长就说，你把这些破东西运回来赶（干）么？若扔到马路上去，人家清洁夫，一定要骂你一顿。裴文中心中不服，于是就低头研究起，什么是人工打的痕迹，什么不是人工打的痕迹，自己就暗中描素（摸索），但是这一切没有引起人们的注意，到后来翁文灏决定请法国史前学权威步日耶来判断，这才使他信服了！后来裴文中又去法国，一直到现在，几十年中仍然研究这个问题。在中华人民共和国成立以后，我们又看到了恩格斯所说"劳动创造人""人是制造工具的动物"。北京人有了工具，才确认他是人，不是猿了！裴文中这种专心研究、百折不回的精神是值得特别注意的。

我想，裴老的这一段逸事，大概是他漫长的北京人发掘与研究生涯中，最为得意，也是最为自豪之处了。

1979年裴老在龙骨山

裴文中先生审阅《北京人》一书文稿时亲笔撰写一段文字

永久的痛

1941年珍珠港事件的炮火声中，远在东亚的北京人化石失踪了！

珍珠港事件前夕，为避免日寇的掠夺，对这批珍贵的人类化石的保护曾有三种处置办法：就地埋藏、送往大后方或委托美国人携去他国保护。权衡再三，结果采纳了最后一个办法，送往美国！北京人及山顶洞人化石经由胡承志亲手包装后交到了协和医学院教务长博文手上，从此北京人化石就在中国人眼前消失了。

消失了整整 80 年！人类祖先的化石不仅是化石出土国家人民的、也是全人类的珍贵遗产！若北京人化石不能返归到中国人民手上，就是中国人民，不，是全人类的心中永久之痛！这 80 年来，曾掀起了一场场规模大小不等的寻找活动，但是，既没有寻找到任何它存在的可靠线索，不过也没有确切的证据说明它真的已被毁了。

消失的化石你究竟在哪儿？从装有化石的木箱交在博文手上后，转交到美国海军陆战队司令部、再由北京经天津运出、最后运达秦皇岛美国海军陆战队的霍尔克姆兵营，我认为在这几处或沿途，均有失落的可能，或是被人有意地隐匿的可能。曾有一种说法说是化石丢失在海里了，但拟将化石运往美国的哈里逊总统号海轮并没有到达秦皇岛，日美战事爆发时，该海轮被炸搁浅在上海附近，没来秦皇岛装运化石，化石怎会在装船时丢失在海里呢？也有说法，可能是在"战火纷飞的混乱中丢失了"。12 月 7 日，日本偷袭了美国珍珠港，美日战争爆发，但秦皇岛并无战事，美国陆战队受命不战而降，哪来"纷飞的战火"？霍尔克姆兵营被占、人员被俘、行李被扣，一切有序进行，并不混乱。当初负责携带北京人化石的福莱军医事后称，被扣的行李返回给他们时，他打开自己个人的行李箱时发现，教学用的现代人头骨，连同古董佛像都不见了，难道那些包装得好好的北京人化石会被极富掠夺性的日军毁掉？！是不是根本就没运出北京，而是被埋在哪儿？传说有那么几处地方埋存化石，但已发掘的地方，包括最近在天津的发掘，均无所获！还没挖的地方呢？

2005 年 12 月出版的日本《人类学杂志》上，发表了日本历史民俗博物馆春成秀尔教授题为"'北京人'化石的去向"文章，首次披露 1943 年 5 月 26 日北京宪兵队提交给上海宪兵司令部"关于'北京人'搜查状况的报告

'通牒'"的内容。由"通牒"得知,1941年11月14日,美海军陆战队接到了本国来的撤退电,从同月24日开始,到12月4日之间,分4回将3090件兵器、弹药、被服等运到了秦皇岛的霍尔克姆兵营,预定12月11日、12日左右全部撤离秦皇岛。根据这种情况,宪兵队认定,"北京人"化石和武器等其他物品被一起运到了秦皇岛霍尔克姆兵营。

这份通牒记录了1942年12月到1943年5月,在"北京人"化石已经下落不明后的约1年半时间里,日本宪兵队搜索北京人化石的整个过程,以及相关人员的全部口供。由通牒还知道,北京宪兵队曾联络天津防卫司令部参谋部,了解日美开战以来在秦皇岛霍尔克姆兵营的物品处理情况,得知驻扎在秦皇岛的日本2909部队处置了食品,兵器、床等物资,其他物品由日本2900部队处理,但未听到有关(化石)箱子是否存在。由于其中美军的私人物品保管在天津百利洋行,得知消息后,宪兵队带领曾是魏敦瑞秘书的息式白女士一起前往天津,搜查了百利洋行内的私人物品,但是没能找到化石。通牒中,北京宪兵队建议上海宪兵队追查收押在上海战俘营中的哈斯特上校,认为他"是化石运送的关键人物,通过他了解两个木箱的运输路线,划定搜索范围;通知各关系部队、沿路线调查应该能够发现化石"。

这份通牒是从抄件而来,可能还有几个附表(例如通牒中写有"见表3"),但从该抄件未见这些附表,不知这些表的内容究竟是什么?这份通牒反映的情况姑且认为是可信的话,也只说明1943年5月26日前北京宪兵队的搜查毫无结果,但这依然不能扫除日本掠夺北京人化石的疑云,因为这份通牒所反映的仅限于1943年5月26日之前的情况,上海宪兵队是否进行了追查,追查的结果又是什么,未见下文就不得而知了。不过值得注意的是,美国的当事人的态度总是很暧昧,美海军陆战队司令哈斯特上校始终三缄其口,不讲真相;福莱军医说话躲躲闪闪、给人故弄玄虚之感,好像他们在掩盖什么似的,不够老实!是怕承担丢失的责任呢,还是背后另有玄机?周恩来总理生前指出,北京人化石是在几个美国人手中搞得下落不明。至今没有见到有任何美国人,甚至美国政府,表示对北京人化石的丢失承担责任,或是感到内疚。更不用说日本政府,是它发动了这场侵华战争,给人类文明带来空前的浩劫,造成全人类之痛,对北京人化石的丢失,日本政府从没吐露真相,即使这份"通牒"也是民间传出,日本政府至今不作反省,不仅不承担责任,还厚颜地推卸责任!

我总感到,如此重要的文化遗产一定不会丢失,而是被什么人藏起来了,至于何时才会露面,那就很难推测了。事实上,化石的丢失是在战争期间发生的事情,追寻活动应当有参与国的国家政府的介入才行,关键还在于日美两国政府要承担起责任,积极行动,使得人类瑰宝得以重见天日!

发现古人类化石的一个插曲——"辟尔当人"的闹剧

在 20 世纪前期古人类化石的发现史中,有一个可笑也可耻的插曲,那就是所谓"辟尔当人"的发现。

那是在 1911 年,一个名叫道生的英国律师说他在英国苏塞克斯郡的辟尔当地方获得一些头骨碎片,同时找到一些粗陋的石器和种类相当古老的动物化石。他把这些材料送到英国自然历史博物馆,交给当时著名的古生物学权威伍德沃德和解剖学权威纪斯(就是 19 世纪 20 年代反对达特的那两位)去研究。第二年,道生和伍德沃德又到现场去共同发掘,当着伍德沃德的面,又找到一些头骨碎片和半块下颌骨。之后把破碎的头骨复了原,叫它做"曙人",意思是最早的人,把同时找到的石器叫"曙石器",意思是最早的石器。

1913年发掘现场,自左而右分别为:
德日进、道生、工人、伍德沃德

道生(左)在辟尔当沙坑旁
淘洗沙砾,寻找头骨碎片

1913年,法国古生物学家、神父德日进在那里又找到了一颗犬齿。1915年,在两英里外的一个新地点进行发掘,又获得了另一个头骨的碎片。英国学术界对此十分振奋,说在英国也找到了原始人是"划时代的大事",特地组织了"辟尔当人研究委员会"来专门研究这些化石。

用猩猩下颌冒充人化石,还将牙齿磨平　　　　犬齿也有磨蚀现象

1914年,在纪斯的主持下,在英国皇家学院召开会议,参加的除纪斯、伍德沃德和道生,还有兰凯斯特、派克拉夫特、施密斯、造模技师巴罗和牙科医师安达乌德,一共八个人。经过多次会议和讨论,虽然牙科医师安达乌德认为上颌和下颌的牙齿形态和排列方式有很大的差异,不属于同一个个体,但是大多数与会的人认为这不是什么问题,最后的意见认为"辟尔当人"是现代人的祖先,是最古老的英国人!

伍德沃德为"辟尔当人"头骨再造的模型和所谓研究结果一经发表,轰动一时,报纸上又大肆渲染,英国突然成了人类起源地之一,消息很快传遍了全世界。但是,"曙人"在科学界马上引起了一场大争论,激烈程度超过了杜布哇发现爪哇直立人的那一次。

首先,"曙人"的年代不能确定。与人骨化石共生的动物有两类:一类年代比较古,当时判断属于上新世;一类年代比较晚,属于更新世,其中有的种类年代可能还要晚。

争论最大的问题是:头骨性质和现代人没有重大区别,而下颌骨和犬齿跟猿类特别是黑猿很相似。许多人怀疑,一个现代类型的头骨怎么能跟一个黑猿型的下颌骨结合在一起呢?

另外,主张"辟尔当人"是最早的人类的伍德沃德和纪斯两人对"曙人"

的脑量也有很大的意见分歧：伍德沃德根据下颌骨是猿型的，恢复头骨原型的时候把脑量订作 1070 立方厘米，纪斯却不同意，另外再造了一个头骨模型，把脑量增大到 1500 立方厘米。两人推测的脑量竟相差这么大，也足以说明这个化石标本的可疑性了。

"辟尔当人研究委员会"的成员，中间坐着在量头骨的是纪斯，后排站着的右起第一人是伍德沃德，第二人是道生，第三人是施密斯

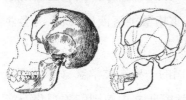

纪斯复原的"辟尔当人"头骨模型脑量大是其特点！（右）脑量要比伍德沃德复原的大（左）

纪斯复原的"辟尔当人"头骨模型与复原像

　　争论几乎把人类学界所有的知名学者都卷进去了。拥护"曙人"观点的人借此大做文章，鼓吹人类一开始出现就是大脑袋的。他们还吹嘘，在欧洲找到了这种大脑袋的最古老的人类祖先，说明欧洲人种很早就比其他地区的优越，为种族主义制造"科学根据"。

　　在这场争论中，有些学者并不尊重科学事实，为了强调英国发现了最古老的头骨，出于一种虚荣心，采取了华而不实的甚至弄虚作假的手法。

　　例如，1925 年有人写文章揭露，"辟尔当人"出土地点并不是如道生在1912 年所说的海拔高度 36.6 米，而是 31 米：这样就明显地减低了这个地点的古老性。因为那里是由水流冲刷出来的阶地地形,早期冲刷形成的阶地海拔高,越往后冲刷得越厉害,海拔就越低,在海拔低的阶地上沉积的东西比海拔高的阶地上沉积的东西年代近。可是英国学术界某些人还是吹嘘它是最古老的人。

1930年秋天,施密斯曾经来我国周口店北京人遗址参观。在9月25日中国地质学会的欢迎会上,他一方面对周口店的发掘成果大加赞扬,一方面却不顾北京人头骨的原始性,硬把北京人和"辟尔当人"扯在一起,说什么北京人的发现,"结束了那经年不决的争论,就是究竟猿人是人还是猿,以及辟尔当人像猿那样的下颌骨是否能和人类的头骨共生在一起。"

对于"辟尔当人"下颌骨的颜色,有人认为这种红棕色正是化石古老的标志,作为"曙人"是最古老的人的证据。1937年有人揭发道生曾经用重铬酸钾溶液浸泡化石,改变了化石的颜色。甚至伍德沃德在1948年写的"最早的英国人"一文里,也不得不提到"最初发现这些化石的时候,它们的颜色被道生有点儿改变了,道生把它们浸泡在重铬酸钾溶液里,误以为会使它们变硬加固。"可是他仍然坚持这个化石的古老性。

对"辟尔当人"持否定态度的,主要是美国的一些人类学家,如魏敦瑞、海德利希加、克鲁纳等。1936年,我国考古学家裴文中曾到辟尔当化石产地进行考察,当场他就认为,那里的地质年代并不很古老,最多是第三间冰期。他还指出:"辟尔当人"的头骨是人属的,而下颌骨是大猿的,"曙人"能否成立,问题确实不少!

这场争论一直延续了40多年,1948年起,开始对"辟尔当人"进行含氟量测定。原来化石里含氟量多少和它的年代有关。测定结果,"曙人"的含氟量和伴生的动物化石很不相同:动物化石属上新世到更新世,"辟尔当人"的头骨碎片属更新世晚期,而下颌骨和犬齿却是现代的。1953年11月12日,英国地质学会在伦敦开会,会上有三位科学家,他们是奥克莱、克拉克和韦诺,从形态学、含氟量分析、化学试验、物理测定等方面彻底研究了"曙人",联名发表了经过多次慎重分析的结果,证明"曙人"的头骨是晚期智人的,下颌骨和犬齿是用现代类人猿的材料假造的,在显微镜下可以清楚看到人工刮磨的痕迹,而且还用重铬酸钾染成红棕色,原来这种表示古老性的颜色也是假的。1959 年,又用放射性元素碳 14 含量分析的方法,测定"辟尔当人"的头骨的绝对年代也只有 620 ± 100 年,而猿类下颌骨的绝对年代是 500 ± 100 年。

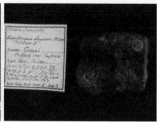

2004年我在大英博物馆考察"辟尔当人"头骨标本

这场由英国某些学者鼓动起来的闹剧,最后就是这样仍由英国尊重科学事实的科学家揭穿了。原来道生事先把一个人的头骨打碎,混入到动物化石和石器中间,还向一个从亚洲回英国的水兵买来一具雄褐猿的下颌骨,把它精心加工制作,用重铬酸钾溶液和氧化铁染成红棕色,一起埋入地层里,经过几年之后,再当化石挖了出来。他想用这种不正当的手段来自己出名。而伍德沃德也一心想发现人类化石,轻信了道生,推波助澜,之后还为他掩饰。纪斯也以"权威"自居,自以为是,一意孤行,结果被道生捉弄,落得一个不光彩的下场。

科学是很严肃认真的事,来不得半点虚假。从道生所制造的"辟尔当人"骗局中,是有很多教训可以汲取的。

元谋人——我国最早的原始人

元谋盆地地处滇中高原,长 30 千米,平均宽 7 千米,地层内富集着哺乳动物化石,不仅有古猿化石,还有众多的古人类文化遗存。1965 年钱方发现两枚原始人牙齿化石，被判断为早更新世直立人牙。1973年，我参与了对牙齿化石产地的发掘工作后，在盆地内进行长达30多年的考察、发掘和研究工作，有诸多重大发现。

元谋人上中门齿唇、舌面观

云南元谋盆地鸟瞰　　　　　1973年发掘现场

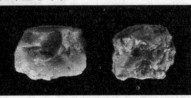

1973年发掘中所获得的三件刮削器与炭屑
（由于它们的发现，元谋人的真实存在获得了确证）

元谋人牙齿化石

经详尽研究，表明具有从纤细型南猿向直立人过渡的特点，其齿冠舌面的铲形结构，表明元谋人是黄色人种（包括中国人）祖先的最早代表，这一特征又源于非洲的南猿和能人，为人类走出非洲提供了佐证。

STS52，注意其上中门齿舌面形态与元谋人的相似性，南猿上中门齿的抹刀型轮廓与元谋人（右）相近

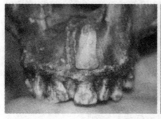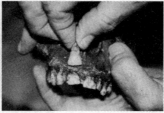

WT15000上中门齿的唇面形态与元谋人的标本很相似舌面形态与元谋人(右)的标本也颇为相似

元谋人胫骨化石

1984年12月,北京自然博物馆野外考察队在元谋人牙齿化石产地的南250米处,发现了一段元谋人女性胫骨化石。次年对该地点进行大规模发掘,获得了文化遗存及大量的动物化石。该胫骨化石具有许多接近非洲能人的原始特点。

元谋人胫骨化石,诸多方面显示了与非洲能人相似的特点

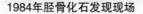

1984年胫骨化石发现现场　　　　　　1985年胫骨化石发掘现场

1985年元谋人新化石地点的
发掘现场

我在胫骨出土点进行发掘

元谋人生存时代

从古生物地层学和伴生哺乳动物群的组成成分综合判断，元谋人生存在早更新世晚期。根据伴生哺乳动物化石群和孢粉谱的分析，表明元谋人生存时期的自然环境为温暖的森林、草原景观。经多次古地磁年代测定，距今的绝对年代为 170 万 ± 10 万年，这一数据还获得氨基酸法、电子自旋共振法等多种理化手段测定结果的支持。目前，元谋人确是中国历史上已知最早的原始人，中国历史的第一篇章将从他写起。

至于元谋人胫骨化石的年代，根据最新的古地磁年代测定结果，至少应为距今 140 万年或在 170 万 ~ 140 万年。

骨鹿头骨，一种已灭绝的古老鹿类

元谋人生活环境想象图

1985 年冬在胫骨出土点发掘到直立人制作的石器

1988 年冬在老鸦塘地点发掘到晚期元谋直立人制作的石器

匠人的发现

1985 年在肯尼亚图尔卡纳湖西北的纳利奥科托姆,发现迄今为止保存得相当完好的一具直立人型骨架,为一年约 9 岁的男童个体。(编号为 WT15000)身高约 1.70 米,脑量已达 880 立方厘米。其年代距今约 160 万年。此外在肯尼亚的库比·福拉地点还找到两具完整的女性头骨化石,编号分别为:ER3733 和 ER3883,她们的年代距今 170 万年。直立人特有的体质形态在这两具头骨上表现得尤为显著。虽然她们的脑量要较南猿大得多,但仍然保留不少似猿的特点。

一般而言,直立人脑量的增大主要是长径和横径方向上的增大,高径的增大并不显著,因此直立人的头骨低短、前额后倾、颅基部大、头骨的骨壁很厚,甚至可达 10 毫米以上。头骨上的骨脊,如枕脊、矢状脊和眉脊等很发达,这一类增强性装置使得直立人头骨很粗硕,而且下颌骨缺少下颏隆起。这样特殊的头型使得某些科学家怀疑直立人能否是现代人的祖先。这自然就注意到在非洲发现的 ER3733 和 ER3883 头骨,以及那位年仅 9 岁的男童骨架:它们头骨的骨壁较薄,眉脊也不那么粗硕,与智人颇为接近。有些学者认为也许正是它们才能演化为化石智人,故有些学者将它们由直立人种划出,另建立一个新种,名为"匠人"(*Homo ergaster*),ergaster 源于希腊语,意为"工匠"。

"匠人"之名原是用来命名 KNM-ER992 下颌骨的。之后南非斯瓦特克兰斯出土的骨头 SK847 也被归为匠人,匠人可说是非洲的直立人型的化石人类。

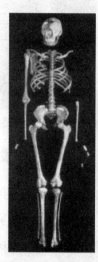

卡莫亚基穆擅长发掘，1984年
在图尔卡纳湖发现男孩骨架

纳利奥科托姆男童
骨架与头骨

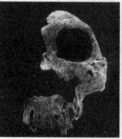

HR3733(东非匠人)　　SK847(南非匠人)　　匠人复原像

德玛尼西人的发现

　　1991年9月，古生物学家大卫·罗德基派尼扎在格鲁吉亚共和国东南边境一个名叫德玛尼西的地方，发现了一具保存完整齿列的下颌骨，形态呈直立人型。之后又陆续发现三具比较完整的头盖骨化石，其形态特点介于能人与直立人之间。据古地磁年代测定为距今175万年，故德玛尼西人被认为是非洲以外已发现的年代最古老的直立人化石之一，也是迄今欧洲最早的人化石。更重要的是，他被认为是最早离开非洲的原始人之一！

 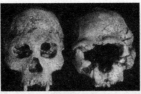 

大卫·罗德基派尼扎　　德玛尼西的人骨化石　没牙老者头骨,说明受同伴照顾生存下来

中国的直立人群

自 1929 年发现北京人第一个头盖骨以来,在我国已有十多处发现了直立人的化石:

1927 年	北京周口店第一地点头	盖骨、下颌、牙齿及肢骨
1963 年	陕西蓝田陈家窝子	下颌
1965 年	陕西蓝田公王岭	头盖骨
1965 年	云南元谋那乌大村	牙齿、胫骨
1973 年	河南淅川	牙齿
1975 年	湖北郧县梅铺	牙齿
1977 年	湖北郧西安家	牙齿
1978 年	河南南召云阳吉花山	牙齿
1978 年	辽宁本溪庙后山	牙齿
1980 年	安徽和县陶店镇完整	头盖骨、牙齿
1982 年	山东沂源骑子鞍山	牙齿、头骨残片
1982 年	安徽巢县银山村	头骨残片
1984 年	辽宁营口金牛山	头骨、肢骨、牙齿
1984 年	云南元谋郭家包	胫骨
1990 年	湖北郧县弥陀寺村	头骨
1993 年	江苏南京汤山	头骨、肢骨
2013 年	河南栾川孙家洞	牙齿

我国直立人化石地理分布较广,而且时间跨度也大,自距今 170 万年

前的元谋人至 20 多万年前的北京人后期代表,延续了 100 多万年。

我国直立人亦可分型,即早期类型,如元谋人、公王岭蓝田人,后期类型包括其他的化石人类。

公王岭蓝田人　　　　　　和县人　　　　　　　南京人

令人注目的是,在直立人阶段,已奠定了现代黄种人的不少基本性状的基础。例如,门齿铲形,主要是上内侧门齿的舌面呈现铲状,这一特点元谋人、北京人和郧县人均有,一直延续到现代黄种人中,并且广泛存在,特别是中国人几乎 96% 以上的人都具有。而黑种人和白种人总计出现率最高也只有 5%。

我国直立人均有一些与现代黄种人一脉相承的地方,有些专家认为,这似乎为现代智人起源多地区说提供形态学上的依据。

直立人的生存年代、体质形态与分型

直立人主要生活在地史上的早更新世中期至中更新世晚期。从具体时间上说,最早的代表可能出现在距今 200 万年前,晚期代表可以延续到距今 20 万年前左右,而主要生活在距今 150 万～50 万年前,个别代表甚至可以延续到几万年前。

原始人类发展到直立人阶段后,其直立姿态已经很完善,明显可见其下肢骨的结构与现代人十分相似。大部分身高在 1.5～1.7 米,体重在 50～70 千克。直立人特有的体质形态在头骨上表现得尤为显著。虽然他们的脑量要较南猿大得多,但仍然保留不少似猿的特点。脑量的增大主要在长径和横径(宽径)方向上,高径不显著,故直立人的头骨低短、前额后倾,颅基部大,颅壁骨板很厚,可达 10 毫米以上。头骨上的骨脊——枕脊、眉脊和矢状脊很发达,这一类增强性装置使得直立人头骨很粗硕,也缺少下颏隆起。这样特殊的头型使得某些科学家怀疑,直立人是否为现代人的祖先? 这自然就注意到在非洲发现的 ER3733 和 ER3883 两具直立人头骨,以及那位年仅 9 岁的直立人男童骨架,它们头骨的骨壁较薄,眉脊也不那么粗硕等与智人颇为接近的特点。因此有些学者认为,也许正是它们才能演化为化石智人,故将之由直立人种划出,另建一新种,名"匠人"。

在南猿阶段脑量增加有限,到直立人阶段脑量增加较快,可达 1000 ~ 1300 立方厘米。如果说直立姿态的确立是南猿阶段体质进化的最大特点,那么脑量的骤增则是直立人阶段体质进化的最大特点。

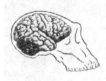 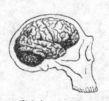 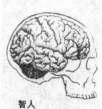

阿法南猿　　　　**能人**　　　　　**直立人**　　　　　**智人**
300 万年前脑部大小:　200 万年前脑部大小:　200 万年前脑部大小:　现代脑部大小:
425 立方厘米　　　655 立方厘米　　　1000 立方厘米　　　1400 立方厘米

原始人脑量增大趋势图

有的科学家认为直立人脑量骤增,可能与他们特殊的狩猎方式有关,即直立人可能采用持续追踪狩猎法,也就是说,狩猎者逐个轮流追逐猎物,使它不停地奔跑,直到猎物精疲力竭倒地而毙。这种狩猎方式不仅要求狩猎者有较强的直立行走的能力,还要求狩猎者有较高的智力,这就导致了大脑发达,脑量增加。另一方面狩猎活动的发展,使得肉食增多,这不仅大大增强了原始人的体质,也为脑髓的进一步发展提供了必要的材料。同时在直立人阶段开始熟食,也为身体提供了半消化的、富于营养价值的食物,从而为脑髓的发达提供了必要的化学条件。

直立人阶段是相当复杂的。近年来不少学者根据直立人的形态特点及其生存时代,将直立人分为原始的早期类型和较为进步的晚期类型。前者主要生活在早更新世晚期至中更新世之初,他们常有较多的原始特点,脑量较小,在有些代表身上还反映出由南猿群中进步类型向直立人过渡的特点。晚期类型的直立人,其体质形态明显进步,脑量大为增加,不仅会用火,还可能具有控制火、保存火种的本领。

有些科学家还认为除了上述两种类型外,尚有更晚的一种类型,即将过去尼安德特人的粗壮类型的某些代表划归直立人范围内,如希腊的皮特拉农人、非洲的罗底西亚人、亚洲的中国大荔人、爪哇的梭罗人等。他们主要生活在距今20万～10万年前,有的代表可能更晚,只有几万年。这也算一种说法吧。

 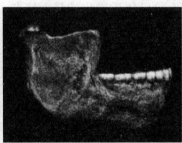 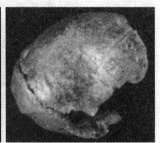

法国陶塔威人　　　　　德国海得堡人　　　　英国司万斯孔贝人

目前对直立人的分类与学术具有颇大的争论,许多学者同意它是"多型种"。但具体分类上有的人却认为没有必要将之单列一个种,应并入"人属,智人种",将之降为亚种级。过去作为地理亚种的代表,应降至"变种"或"族"一级。犹如现代智人群中的许多种族一样。这样一来,在拉丁学名上成为"四名法"了。例如,著名的北京直立人的学名为 *Homo sapiens erectus pekinesis*。

直立人的文化特点

直立人物质文化的发展阶段属于考古学上旧石器时代早期的后一阶段,石器工具在非洲、欧洲以"阿舍利文化"为代表,而南猿的则属旧石器时代早期阶段的前一阶段,石器工具以"奥尔杜威文化"为代表。

直立人的制作工具技术相当高明,他们已能根据不同的石料施以不同的加工方法。例如对于质地良好的燧石质石料用石锤直接锤击以制备石片,而对质脆的脉石英则可采用"砸击法",对于大块的石料还采用"碰砧法"来获取石片。此外,工具的类型也有了明显的分化。而且开始有了地区性的区别,如欧洲和非洲等地出现了大量两面加工的手斧,由于大量使用燧石质材料,石料的质地又较为致密,故手斧制作得相当精致。而亚洲地区制作的砍砸器为典型的器物,石料质地较粗,砍砸器较之手斧粗犷,故考古学上有"手斧文化"与"砍砸器文化"之分的说法。

直立人在制作阿休利手斧

肯尼亚中部距今 80 万年前的一个匠人遗址,地面上布满了阿休利手斧、大劈刀和各类石器

这一阶段文化上最大的成就是人类对火的征服。人类使用火是继制作石器后又一重大的发明。它迫使某些自然力为人类服务,这种对自然能

源的征服与利用是人类文化史上的巨大进步。有了火,人群围火而聚,为持久的群体生活提供了基础。火给人以温暖,帮助人们度过严寒。在漫长的冬夜,原始人围坐在火坑旁烤火取暖,这正是老者回忆往事,讲述和传授经验的美好时刻。如果他们的智慧发展到这一地步的话,就在原始人的火坑旁,孕育了多少神话和传说,这也是人类原始语言产生和发展的摇篮。

有了火,人就有了新的需求。烤火虽然温暖了人的身体,但也降低了人体本身对寒冷的抵抗力。烤热的身子对寒冷更敏感,因而促使原始人寻找御寒的方法——缀连兽皮、披挂在身。在北京人遗址里找到的不少石锥、尖状器,可能就是用来在兽皮上钻孔用的。有了火就能熟食,熟食种类的增多,便增加了食物的可食部分和营养,因而大大增强了人的体力,促使人类摆脱茹毛饮血的原始状态,这对于解放人类的意义是无法估量的。

人类对火的征服大概首先是在气温降低的地区实现的,更可能是由于地球气温的变化、冰期的降临加速了这一过程。现有的考古学资料还未找到直立人的先辈——南猿用火的明确证据。但按照对现代黑猿考察所获得的资料,发现黑猿并不避火,有取食烧过的东西的事例。黑猿还喜欢在灰烬上取暖,不排除南猿偶或用火的可能性。据说在非洲已找到这种迹象,不过还有待证实。

北京人遗址中用火遗迹灰烬层

安布隆纳山谷直立人群用火围猎

直立人的生活状况

据研究,早期人类无论是狩猎还是采集,其开发自然资源的方式有两种:搜集型和收集型,前者是用很多时间去搜寻食物,获得的食物多在当天消耗掉;后者则收集得到的东西要多得多,常将部分食物储藏起来以备日后之用。直立人很可能是以搜寻食物为生,所以流动性较大,整天追逐着食物以致成为漂泊者,故而有较大的扩张性。直立人在旧大陆的分布上已有较大的扩张,据研究,他们有几个明显的分布带,在欧洲和北非主要围绕地中海沿岸分布;在非洲大陆自东非大裂谷通向南非的德兰士瓦地区;在南亚,则由马来半岛向南达到印度尼西亚的爪哇岛,向北可与我国云南地区相接,由云南向东,经过华中地区,然后转向东北方向,呈一弧状分布带,也许还有其他分布带,有待我们去发现。

晚期类型不仅住在洞穴中,还在露天构筑掩蔽所。1965 年在法国南部地中海沿岸尼斯城的附近找到一个直立人遗址,名叫忒拉·阿玛达。经过大规模的发掘,发现它是距今 40 万年前一个直立人的季节性露天营地。在这块营地遗址上找到 20 多个构筑像掩蔽所一样的窝棚遗迹,有直径 30 厘米的柱洞和呈环形堆放的大小石块。科学家们据此复原了窝棚的原样:它呈椭圆状,长约 8 ~ 15 米,宽约 4 ~ 6 米。窝棚里有炉灶遗迹,有的炉灶边上有用石块堆成的防风墙。灶坑的周围空间较大,直立人可能垫着兽皮睡在它的周围。他们还设置了一个"厨房",在角落里放有石砧,上面还有切肉砸骨的浅显痕迹。

阿玛拉遗址中的灶坑遗迹

很有趣的是,在"厨房"附近还找到了人粪化石,从人粪化石中所含孢粉的分析得知,这些窝棚是在春末夏初之际搭制的。当时正是黄色的金雀花盛开的季节,金雀花的花粉到处飘浮,沾到直立人的食物上,以后被粪化石保存了下来。营地上还有直立人制作石器的"作坊"。"作坊"中间置有一块大而扁平的石块,是供石器制作者坐的。在它的周围散布了不少碎石及石器,属阿休利型石制品,石器的种类很多。此外,还有不少骨器,骨器中有用火加工使之硬化的痕迹,骨器中的锥状物可以用来钻穿兽皮,可能与北京人一样会披着兽皮御寒了。在营地的堆积物中,还找到几小块赤铁矿块(赭石),上面有磨过的痕迹,是否用来磨制红色的铁矿粉,然后用它来涂染自己的身体,还不得而知。倘若如此,这可能就是人体装饰的起源,也许含有原始宗教的意思吧?

一个实例:安布罗纳山谷直立人季节性狩猎活动示意图。

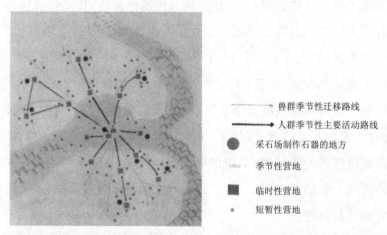

　　—————　兽群季节性迁移路线
　　——————→　人群季节性主要活动路线
　　●　采石场制作石器的地方
　　　　季节性营地
　　■　临时性营地
　　·　短暂性营地

冬夏两季狩猎者分成比较小的组群,分散到相互接近的有兽群出没又有燧石和石英岩采石场的地段活动

从这两个营地遗址的发掘,我们了解到直立人群已经有了比较复杂的社会生活,比起南猿来人与人之间的关系也更趋紧密,这种群体已进一步克服了以往那种松散的社会联系。

直立人与他们前辈一样过着"前氏族阶段"的生活。在狩猎大兽时各组群间可能已有协作,他们有较高的智力,精神生活也较南猿群丰富得多,可能已产生了审美观念,他们制作的手斧不仅作为武器和工具,而且器型匀称,修整得精致美观,也可算是艺术品了。他们可能会用赭石来涂染自己的身体,不仅为了美观,可能还带有原始宗教的意味。

 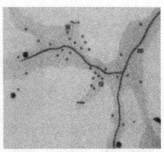

春秋两季狩猎者有规律地去狩猎
被迫通过山路迁移的兽群

直立人的演化

直立人如何从南猿阶段发展而来,又如何向下一阶段演化,学术界看法不一。

南猿群中的能人类型可作为直立人的直系先辈。至于直立人如何进一步演化为现代人,亦即现代各种族,有两种说法。一是现代人(种)起源的分区演化论,此说最初为研究北京人化石而称著的德国人类学家(后入美国籍)魏敦瑞所倡导,又称为现代人(种)起源"多中心理论"。这一理论认为现代人(种)起源有四个或五个演化中心,他们从直立人时期起基本上是独立演化的,其演化谱系好像一座多枝的烛台,故其谱系图是"烛台式"。由直立人向化石智人过渡的"分区演化论",即是这一演化模式的反映。

相对于此的为现代人(种)起源"单中心理论",其谱系图呈"挂帽架"状。这一理论的核心认为人种是在某一特定地区发展起来的,然后向邻近地区逐渐迁徙扩散,替代和融合了当地的原始人群而形成的。这一特定地区究竟在哪里,是哪一级的原始人担当了这一代表,说法不一,因此有"前

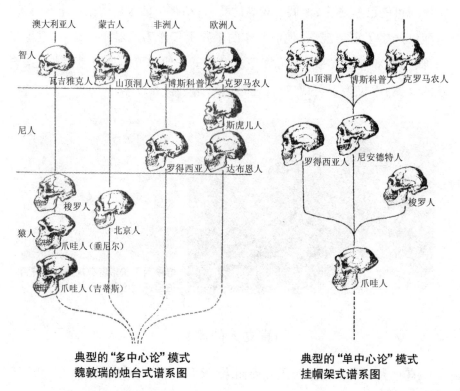

典型的"多中心论"模式
魏敦瑞的烛台式谱系图

典型的"单中心论"模式
挂帽架式谱系图

尼人说""前智人说"等。"特定地区"过去多以西亚为代表,近年来,随着分子生物学的发展,又认为是非洲。这个现代人"出自非洲说"又被称为"夏娃理论",是现代人种单中心论的最新版本。之所以为部分学者所赞成,是因为在群体遗传学上,多地区、多中心理论似乎有说不通之处,即按该学说很难设想每一地区人群连续进化长达 200 万年! 能在如此长的时间和如此广大的地域内,维持广泛的基因交流,而使其后代维持在一个物种之内,从群体遗传学的理论来讲,简直是不现实的。不过此说也遭到部分学者的反对。

这里,介绍20世纪80年代初,我的朋友美国华盛顿州立大学克兰茨教授所主张的分区演化论:按地理分布,直立人群可分四区,各区的代表在体质形态上已有一定的差异。后来由各区的代表逐步演化为现代类型的智人。

西北区(包括欧洲):眉脊向后弯、并斜向下后方,前额隆起,眼眶面稍朝侧向,鼻部突出。

西南亚(包括非洲):眉脊向后弯、并斜向下后方,眼眶面稍朝侧向,前额平扁,额窦大、牙齿大、鼻宽。

东北区(包括中国大部):前额稍隆,眉脊形直,眼眶面朝正前方,门齿铲形,牙齿上有一系列为本区代表所有的结构,下颌上有圆枕状隆起。

东南亚(主要在爪哇岛):脑量小,前额扁,眼眶面朝正前方。

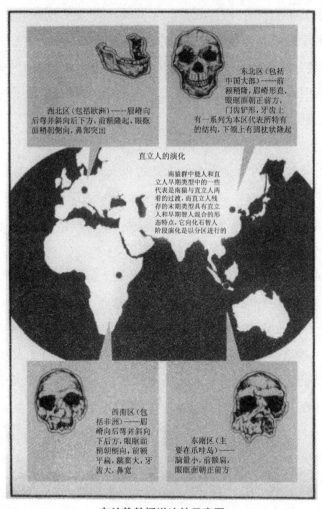

克兰茨教授说法的示意图

至于现代人种单中心论，必须看到，人类的演化不只是纯生物学意义上的进化。由于人类在起源和演化过程中拥有了特殊的适应方式，即文化的适应方式，因而他的进化还是文化生物的进化，他就有了独特的、有别于一般生物学意义上的进化模式。因此，他就不完全遵循生物学的法则，包括群体遗传学的法则了。另一方面，人体是个极其复杂的机体，分子生物学虽然在分子水平上揭示了人类与非洲猿类的密切关系，可是，同样在分子水平上，在另一指标上却也曾显示出与亚洲猿类的密切关系，所以先不必急于判断其正确与否，应静观其如何发展。

复旦大学现代人类学研究中心的李辉、宋秀峰和金力在《二十一世纪双月刊(香港)》2002年6月号，总第71期(6:98-108)上发表了一篇题为"人类谱系的基因解读"的文章，从现代分子生物学的角度，论证了现代智人非洲起源论，且看他们是怎么说的：

生物进化论告诉我们，地球上所有生物都是同一起源的，处在同一棵进化大树的枝蔓上，人类这个群体也是这棵大树上的一部分。古人类学为我们建立了人类的总体粗线条谱系，而最新的现代分子生物学手段则使我们有能力着手构建现代人类的精细谱系，探究现存的人类是怎样产生、分化和演变的奥秘。

目前关于现代人类起源最主要的两种观点分别是非洲起源学说和多地区起源学说。两种假说都认为直立人起源于非洲的能人，然后大致在100多万年前走出非洲，迁移到欧亚大陆。多地区起源学说又称"独立起源"假说，认为世界各地的人类是独立起源，即由各地的直立人独自进化到现代人类的几大人种；而非洲起源学说则认为现代人类起源于10万年前，由非洲而出的第二次迁移，走出非洲以后完全取代了其他地区的古人种。

非洲起源学说于20世纪80年代末首次提出。1987年卡恩等人运用母系遗传的线粒体DNA多态性研究，提出了著名的"夏娃假说"，揭开了运用遗传学方法探索史前人类历史的序幕。"夏娃假说"以及以后对欧洲尼安德特人的遗传学分析结果都支持非洲起源假说,但却在考古学及古生物学界引起了轩然大波。

"夏娃学说"虽然引起了许多争议,但是随着遗传学技术的不断成熟,这些争议陆续地尘埃落定。运用遗传学技术研究人类群体的进化,就是利用一些遗传标记来追溯人类群体起源迁移事件发生的大致时间及路线。目前研究早期人类进化和迁移最理想的遗传标记,公认是 Y 染色体 SNP 标记(NRY)。2001 年斯坦福大学的昂德希尔等人利用 DHPL 技术,分析得到了 218 个 Y 染色体 NRY 位点构成的 131 个单倍型,在对全球 1062 个代表性个体考察结果显示明显的群体亲缘关系,清晰展示了现代人类种群的大致聚类系统树。

该系统树从上到下代表了分支产生的早晚。很明显,最早的分支都发生在非洲人群中,而后从非洲人群分出欧洲和亚洲人群,美洲和澳洲人群又起源于亚洲人群。这就是与"夏娃学说"相印证的"亚当学说"。根据突变的速率计算出来的非洲人群分化出欧亚人群的大致时间是十多万年前。

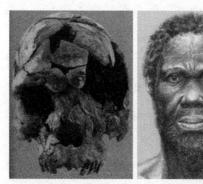

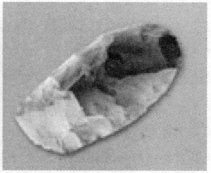

1997 年发现赫托人头骨,距今 16 ~ 15.4 万年,它的出土为早期智人走出非洲提供化石实证

在包括中国大陆在内的东亚地区陆续出土了大量人类化石,这种化石存在形态延续的一致性和在地域上的广泛分布。据此有些考古学家和古人类学家质疑非洲起源假说,他们认为亚洲与非洲一样存在着"直立人——

早期智人——现代人"的进化历程，因而认为现代人类起源是多地区的。这就使得包括中国大陆在内的东亚地区成为验证人类起源模式最受关注的地区。鉴于此，我国分子生物学家们进行了一系列探索，力图论证现代智人，特别是现代中国人群的来源。

1998年褚嘉佑等人利用30个常染色体微卫星位点分析了28个东亚人群，包括汉族的南北人群的遗传结构，结果都支持现代中国人来源于非洲，并且是经由东南亚进入中国大陆。但由于微卫星位点突变率较高，对较久远的人类进化事件和人群迁移的研究，有一定的局限性，因此不能令人信服地排除多地区起源假说。

1999年，宿兵等人利用19个Y-SNP构成的一套Y染色体单倍型，来系统研究包括中国在内的东亚人群的起源和迁移。研究的样本量为925份个体，覆盖了所有东亚和太平洋地区群体，包括中国少数民族和各省份的汉族个体、东北亚群体、东南亚群体和来自非洲、美洲和大洋洲的群体。这一研究克服了褚嘉佑等人使用常染色体微卫星标记和样本量少的缺陷。研究表明，东南亚可能是早期由非洲迁来的人群进入东亚的第一站，从那儿开始中国人的祖先从东南亚进入中国南方，而后越过长江进入北方地区。这一发现与线粒体DNA单倍型分布相符。

2000年柯越海等利用了M89、M130和YAP这三个古老的Y-SNP，对来自中国各地近12000份男性随机样本进行了基因分型研究。研究显示了Y染色体的证据并不支持即便是对中国现代人起源可能起着极小作用的多地区起源假说。因此，遗传学研究尤其是Y染色体证明，东亚的现代人具有共同的非洲起源，大致在距今6万~1.8万年前最早的一批走出非洲的现代人进入东亚的南部，然后随着东亚的冰川期结束，逐渐北进，进入东亚大陆。另一支迁移的路线从东南亚大陆开始，向东逐渐进入太平洋群岛。

至此，对包括中国大陆在内的东亚现代人群体的一系列遗传学研究，填补了过去在现代人类起源研究中缺乏东亚人群资料的情况，同时，通过线粒体、常染色体和Y染色体微卫星标记和单核苷酸多态性等多种遗传标记和分型手段对东亚群体的广泛研究，均表明现代东亚人群来自非洲，支持非洲起源假说。

然而，该文章（"人类谱系数基因解读"）对该学说存在的问题没有回避，而是作了如下的阐述：

虽然，诸多遗传学证据支持非洲起源假说，但对最终揭示现代人类起源和迁移问题依然有许多工作要做，仍需要许多化石方面的确凿证据来支持，需要解释考古学，古人类学方面的质疑。况且，遗传学本身对现代人类起源于非洲的问题仍有许多说法不一的观点和研究结论。2001年1月，澳大利亚国立大学索恩等人研究显示，现代人类并非像一般所认为的那样直接起源于共同的非洲祖先，而是有可能由不同地区的古人类分别演化而来。研究是从1974年在澳东南部新南威尔士州蒙戈湖附近的距今约6万年前人类遗骸（下图）成功提取了线粒体DNA，这是迄今为止从古人类遗体中提取出的年代最为久远的DNA。

在对提取出的DNA线粒体进行分析后发现，它与在世界其他地区发现的，据认为是源自非洲的早期现代人类的古老DNA在遗传上没有联系。这一结果表明，在澳大利亚出现的早期现代人，其演化路线独立于非洲古人类之外。由此看出，现代人类的起源可能要比想象中复杂得多，无论是遗传学界还是考古学界的学者都仍将在这一领域继续争论，不断地探索，但这丝毫不影响我们对在不远的将来最终揭示史前波澜壮阔的人类历史的信心。

蒙戈湖人化石

由此可见，现代人类的起源确实要比想象中复杂得多！我希望在这个问题上，学术上的两派，应以互补的，而不是相互排斥的心态，共同探索，以期完满地解决它！

第六节 化石智人

原始现代人类型的人可称为"化石智人",之所以这样称呼他们,是因为我们现代人也属智人种,为了不与现代人相混淆,故在原始的智人前冠以"化石"两字以示区别。

发 现 史

大约在距今 20 万年前,原始人进入了最后一个演化阶段,亦就是"人属后期代表"即现代人类型化石智人出现的阶段。

这一阶段包括了以往科学上所划分的"尼安德特人"和"克罗马农人"两个阶段。

尼人阶段的化石最早是 1858 年在德国发现的,正是达尔文的杰出著作《物种起源》发表的前一年,在离德国诗人海涅的家乡杜塞尔多夫城不远的地方,有个名叫尼安德特的峡谷,一条名叫杜塞尔的河流在峡谷里穿过。

小利基手持尼安德特人化石站在尼安德特峡谷杜塞尔河边

就在河谷南侧的石灰岩峭壁上,1856 年 8 月,采石工人发现了一个山洞。打开山洞,从洞里的土层里发掘出一副人骨架。骨架附近没有找到任何动物化石和人类文化遗物。工人们一共采回了 14 块人骨残骸(包括头骨），把它交给了附近的一个医生佛尔洛特。这些人骨很特别，当时人们对远古人骨还缺乏知识，所以刚发现的时候，不敢断定它是人骨。佛尔洛特之后把这些人骨带到波恩。1858年，波恩大学教授沙夫豪森为此写了一篇文章，断定它属于一个比欧洲古代克尔特族和日耳曼族还要早的一种欧洲西北部野蛮人种的代表，并且认为是欧洲早期居民中最古老的遗骸。文章发表以后，引起了科学界的广泛关注，同时也遭到不少人的反对和攻击。当时德国著名的病理解剖学家微耳和一口咬定这是一个白痴的骨头，根本不承认它是古代人的。有几个著名的科学家也附和他，有人还认为这是佝偻病人的头骨。

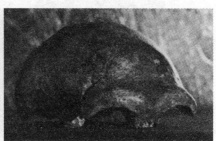

尼安德特人化石

赖尔1860年曾经去查看了这个洞的地质情况，并且把头骨模型带给赫胥黎。赫胥黎研究以后，说它是他平生看到过的最像猿的人类头骨，但是认为没有理由把它作为是猿类和人类之间的动物，至多只表明它是属于头骨有些退化到猿型的人的。至于这种人的生存时代可能在石器时代，也可能并不古老，"和丹麦贝冢的建造者同时代或稍晚"。丹麦贝冢是当时已经确定的新石器时代的遗迹。爱尔兰有一位叫金的解剖学家详细研究了这副人骨，却坚决认为它代表一个古代的新人种。1864年。他把这一新人种命名叫"尼安德特人"，现在我们简称"尼人"。

关于尼人的争论延续了近30年。直到1886年，达尔文进化论学说已经深入人心，当时在比利时的斯庇地方又找到了尼人的人骨化石，还找到了大量的伴生动物化石，包括披毛犀、古象、驯鹿、洞熊等，还有这些尼人使用的石器工具。在斯庇洞穴里找到的两个人头骨化石上，都显示出和尼安德特人头盖骨相似的原始特征，表明这并不是由病态造成的，从此尼安德特人才逐渐被科学界所重视和承认。

之后到 1908 年，在法国拉沙拜尔地区又发现一副老人骨架，还有一千多件燧石制的石器工具和大量的动物化石。1913 年，法国著名人类学家步尔对这副人骨架和伴生的石器、动物化石进行了详细的研究，发表了大部头的专门著作，确认了尼人作为人类发展的一个阶段。延续了半个世纪之久的关于尼人的争论才告一段落。这样，人类的历史被推前到十几万年以前。

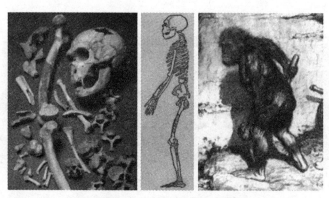

拉沙拜尔老人骨架、头骨与复原像

到目前为止，除了美、澳两洲之外，世界其他各地，包括我国，已经找到相当数量的尼人类型的人骨材料。经过之后的研究，发现尼人阶段的情况是相当复杂的。

克罗马农人的化石，最初 1968 年在法国多尔道尼州勒伊斯地区的克罗马农村发现的。先前报道，在村子附近石崖上开筑铁路路基时，从一个岩窟里开挖出炉灶、驯鹿角、燧石石器、穿孔的贝壳和 5 副人骨架，分属一个老人、两个成年男性、一个女性和一个未出生的胎儿，其中最为完整的是一副老人骨架。后经法国著名的人类学家布洛加研究，认为他们与尼安德特人明显不同，就叫他们为"克罗马农人"。现在世界各地发现了大量同类型的人骨化石。

法国克罗马农村1875年铁路初建的时候的情况,左下角箭头所指的,就是克罗马农人出土的地点

现代景观

克罗马农人出土的地点

克罗马农老人的头骨与复原像

　　1998年我到法国该地区游历和考察,克罗马农人遗址博物馆的馆长罗兰·纳斯波利特先生嘱咐我,在介绍克罗马农人发现史时要更正以前的错误说法,即克罗马农人化石并不是"开筑铁路路基时"发现的,因为在发现人化石的前两年该铁路已经筑成,克罗马农人化石是在铁路建成两年之后,筑马路时发现的!

　　克罗马农人研究结果的发表,推动了考古学家向欧洲其他地区去搜集他们的踪迹。在这以后属于这一阶段的许多次发现中,在欧洲最主要的有1872年起在意大利曼顿地区格里马第的一系列发现。这里,格里马第的红色岩石从蓝色的地中海升起,在陡直的岩壁上一个名叫"孩儿洞"的洞穴里,找到一个老妇人和一个少年的骨架,周围找到的动物化石和文化遗物。格里马第人和克罗马农人不完全一样,克罗马农人带有原始的白种人特点,而格里马第人却带有明显的黑种人特点。不过关于这一点,从当时起到现在一直有争论。根据发掘所看到的情况,这些人骨是有意识埋葬的。

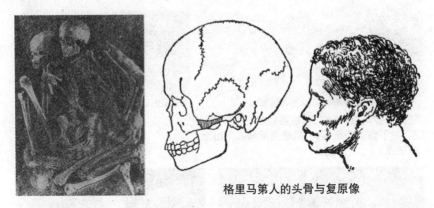

格里马第人的头骨与复原像

克罗马农人我们也简称"克人"。克罗马农人阶段代表尼人阶段以后人类比较晚的一个历史阶段，属于晚期化石智人阶段，或叫"新人"阶段。他们的遗迹遍于五大洲，在我国也有不少发现。从上面所说的各地找到的类型有不同特征，可以知道这一阶段不同的人种已经明显分化。

近些年来，化石智人阶段的新化石材料发现众多，其中特别引人注目的是一个新的人类种群出人意料地被推出水面，而且这也是分子人类学研究的一个新成果。2008年，科学家在俄罗斯西伯利亚南部，阿尔泰山脉的丹尼索瓦洞中，发现了属于某个神秘古人类的骨化石。人化石包括一块指骨和一颗牙齿以及一些装饰品与珠宝，这些化石距今3万年（也有说5万年）。

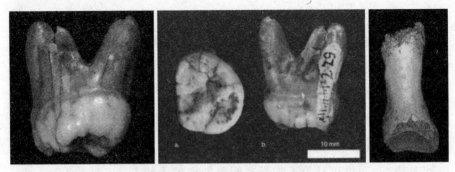

牙齿化石尺寸较大，其形态竟跟年代久远的直立人类似，2010年，通过DNA测序，该化石属于一名5~7岁的女孩，被昵称为"X女孩"

丹尼索瓦洞穴遗址

德国莱比锡的马普人类进化研究所专业人员迈尔和帕玻所带领的研究小组，前不久完成了对丹尼索瓦人基因组序列的测定，指出丹尼索瓦人是一种已经灭绝的人群，生活在亚洲，与尼安德特人有亲缘关系。研究报告认为他们的基因更接近巴布亚新几内亚人，而不是亚洲、欧洲或南美洲人，这与之前有人认为丹尼索瓦人是现今澳大利亚原住民与美拉尼西亚人的祖先的证据相吻合。

新发现的这一人类种群似乎是尼安德特人的"姊妹群"，它的发现被认为描绘出一幅更为复杂的人类进化和走出非洲的图画。美国加州大学圣克鲁兹分校的理查德·格林博士认为，非洲是人类的摇篮，一群早期人类祖先在40万～30万年前离开非洲，分道扬镳，一支来到欧洲，进化成尼安德特人，另一支向东迁移，进化成丹尼索瓦人。大约7万年前又出现一次大迁移，当时现代人离开非洲。他们是我们的祖先，曾与尼安德特人通婚。当前所有非非洲人的遗传密码中都有尼安德特人DNA的痕迹。后来，一群现代人又与丹尼索瓦人通婚，美拉尼西亚人体内也因此留下丹尼索瓦人的DNA痕迹。

2010年这一次全面的DNA分析，证实了丹尼索瓦人属于一个新的人类种群，这可能是除尼安德特人、化石智人、前面提及的弗洛里斯人外的第四种人了，这是通过分子人类学的手段而发现的新人种，如果通过进一步的检验，它能最终成立，这意味着最近短短几年内，在古代DNA测序领域确实取得了巨大的进步。

体质形态与分型

化石智人主要生活在距今 10 万～2 万年前,这是他们的鼎盛期,比起上一个阶段,"化石智人"在体质上与直立人相比较有很大的变化(见下表)。

比较项目	直立人	化石智人
脑　　量	1000 立方厘米	1500 立方厘米
颅壁厚度	10 毫米	5～7.5 毫米
颅　　形	平扁,上有骨脊	圆形
颅　　高	长头形,颅低	垂直径增大
颅骨底部	平扁	向下方扩展
枕　　脊	左右相接,几乎成水平状	左右两侧呈 45°夹角
面　　部	大、突出	相对为小,垂直状
牙　　齿	大	小
眉　　脊	大、突出	减弱,呈眉弓状
鼻　　部	平扁	突出
乳　　突	小、内收	大、垂直
颏　　部	后缩	向前突出

从表中可以看出化石智人与直立人的体质形态差别显著,而与现代人已没有什么差别。

化石智人体质分型的现象也是十分有趣的,其中最引人注目的是尼人分型现象。起初某些学者依据尼人的生存年代将之分为"早期尼人"与"晚期尼人"两类,前者有英国的斯万司孔贝人、法国封特舍瓦特人、南斯拉夫的克那皮纳人以及以色列卡麦尔山的斯虎儿人等,他们又称为"前尼人";后者有德国尼安德特人、法国拉沙拜尔人和意大利的西塞奥人,这些尼人的身材一般较矮、粗壮,具有许多特化的性状。如面骨比较大,眉脊粗壮,颅顶又大又低又宽，枕部曲折并有发达的枕外圆枕，因此又被称为"典型尼人"。

典型尼人中的拉沙拜尔人有一具非常完整的老年骨架，法国著名学者布尔对人化石进行了研究后于 1913 年发表了专著，并塑造了一个尼人的复原形象。该形象为肌肉发达、身躯笨拙、头部前倾、偻身屈膝和脚趾张开如同猩猩一样。这个像猿的尼人形象成为经典模式流传很久。直到 20 世纪 50 年代后期经过重新研究后发现，这种病态模样是由于该骨架上有严重的关节炎病症所致。随着更多尼人化石材料的发现，这个误导性的形象才被扭转过来。改善后的尼人形象与现代欧洲人颇为相似，以致有些专家认为尼人很可能就是现代欧洲人的祖先。

早期尼人体质上特化性状较少，与后期化石智人相当接近，故有些科学家称他们为"非特化智人"或"前尼人"，认为后期人类是由他演化发展而来。

有些专家认为，特化尼人未能获得进一步发展而绝灭了，是什么造成他们绝灭的，其原因还说不清。

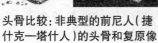
头骨比较：非典型的前尼人（捷什克—塔什人）的头骨和复原像　　典型尼人（西塞罗人）的头骨和复原像

在朝现代类型演化的过程中，身体结构的变化在南猿阶段主要是直立姿势的确立上（下肢变化显著）；在直立人阶段主要表现在脑量的扩大上（脑颅的变化明显）；而在化石智人阶段，主要集中在面部形态上，特别是与分节语言有关的发音器官的变化上(喉和相关的咽部及鼻部等)。

音节分明的语言在人类进化过程中有重要的意义,它有助于形成复杂多样的语汇,这样才能表达更多方面的信息,促进更为复杂的思维活动。由于产生音节语言的需要,人类发音器官得到了改造和发展。

随着发音器官的改变,特别是咽部的引长,相应地颅骨底部向下扩展、变圆,胸锁乳突肌附着的乳突变大,由内收变为垂直状。舌部的背侧下移,构成口咽部的前壁,舌部后缩,面部也由前突状向后缩而呈垂直状,牙齿变小,眉脊消失。然而鼻部和颏部,由于它们的特殊机能未遭减弱,所以依然保持原位,在整个面部后缩的情况下,它们倒显得明显地前突了。就这样,原始人在分节语言的发展过程中获得了现代人的面貌。

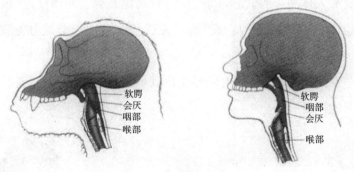

猿与人的咽喉部比较

另一方面,化石智人阶段处于氏族形成和确立的阶段,它是由族内婚向族外婚的转变而达到的。这种婚姻制的变化排除了集团内部的血缘联姻,避免了族内婚造成的近亲繁衍对身体发育不良的影响,促使了人类体质的进一步发展。化石智人出现的时间不长,体质之所以能迅速达到现代人类型,其重要的原因之一,就是实现了由族内婚向族外婚的转变。

中国的化石智人群

这一阶段的代表,在我国已有更为广泛的分布,其中主要的早期代表,有马坝人残破头盖骨、大荔人头骨、金牛山人头骨、长阳人上颌残块、丁村人三颗牙齿与一小块顶骨残片、许家窑人残破头骨破片等。

马坝人（1958）　　大荔人（1978）　　金牛山人（1984）

后期代表则有"河套人"牙齿化石、山顶洞人三具头骨及其他残骸、资阳人头、丽江人股骨与头骨、柳江人完整头骨与部分肢骨、灵井人股骨残段和周口店附近的田园洞发现34件人类化石等。

   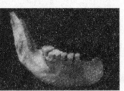

资阳人（1951）　　丽江人（1964）　　田园洞人（2001）

在这些众多的化石智人中，能做种族判断的材料不多，但在有限的材料中值得注意的是山顶洞人和柳江人。

山顶洞人化石最初由学者魏敦瑞作过初步研究，认为101号男性老人有蒙古人种（从形态观察来判断）和旧石器时代晚期欧洲人种（从测量数据判断）的特点，102号青年女性为美拉尼西亚人类型，而109号中年女性属因纽特人类型。这样，由于他们是外来人种，魏敦瑞认为他们不能说明现代中国人的起源。之后经我国学者的重新研究，认为山顶洞人是形成中的蒙古人种的原始代表，他与中国华北人、因纽特人和美洲印第安人接近。

山顶洞人头骨（1937）　　　　　　山顶洞人的装饰品

柳江人化石包括头骨、部分体骨。过去认为头骨属于中年男性个体,而股骨属另一女性成员。我曾三次与童恩正和刘兴诗前往柳江人洞穴考察,并将这些骨骼与柳州地区距今1万年前左右的大龙潭人骨化石相比较,认为柳江人的所有化石材料似应属于同一个中年女性个体。

柳江人头骨上明显具有许多黄种人的性状,如面上部、鼻梁与吻部向前突出的程度与黄种人相似,门齿亦为铲形。此外,还应指出的是,柳江人头骨上还显示了一些非蒙古人种的特点,如鼻根低,眉脊、鼻和上颚形态等具有接近澳大利亚人种(大洋洲尼革罗人种)的特点。因此柳江人的属性在学术界还稍有不同见解,一种认为他是形成中的蒙古人种,另一种则提出柳江人是否有处于蒙古人种与澳大利亚人种之间过渡型的可能?不过从总的趋势看,柳江人基本还是属蒙古人种,是原始蒙古人种的早期类型,但融有澳大利亚人种的部分性状。

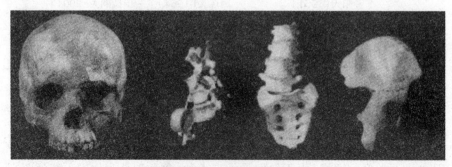

柳江人头骨与部分体骨(1958)

从体质形态上看,山顶洞人与柳江人显然有差异,前者接近蒙古人种中的北方类型和美洲印第安人型;后者则接近南亚型,也就是说,在化石智人后期人类化石上已反映出南北分型的趋势。

文化特点与生活状态

在化石智人阶段,物质文化面貌也大为改观,掌握人工取火的本领是这一阶段的杰出成就。

钻木取火示意图

这时制作石器的技术也有所创新,不仅采用了直接打制法,还发明了间接打片和压削新工艺。此时的石器已制作得十分精致,并朝小型化发展,大量的组合工具出现,特别是弓箭的发明,成百上千倍地延长了人的肢体,它是人类高度智慧的结晶。

人使用弓箭

1963 年在山西朔县峙峪村曾发现距今 2.8 万年的旧石器时代晚期的遗址,属居住性遗址。在此找到 2 万多件石制器,其中不乏制作精致的器物,还有原始的箭镞出现。在发掘出的大量的哺乳动物化石中,以野马化石数量为最多,还有羚羊、大角鹿及牛的化石,他们被称为"猎马人"。这大概只有弓箭的使用,才能猎获行动非常敏捷的疾走动物。

到此时,人们还学会了磨制和钻孔技术,出现了骨针,这表明他们已会缝制衣服,这比直立人缀皮为衣已大大进步了。

化石智人的物质文化发展阶段处于旧石器时代中、晚期。根据发展水平与时间顺序,每期又可划分为若干个文化期,而且各地的文化期又表现出不同的面貌和风格，所以，旧石器时代中、晚期的文化面貌显现出十分错综复杂的格局。例如，在欧洲旧石器时代中期是以莫斯特文化为主，晚期则有更多文化期，如夏尔代贝龙文化、奥瑞纳文化、梭鲁特文化和马格达林文化等等。在我国，有的学者提出所谓大小石器系统，有若干个分期等，几乎各个主要的地区都有各自的文化分期，反映出不同风格的文化面貌。

典型莫斯特石器　　　　　典型梭鲁特石器　　　马格达林文化期的骨器

前面已谈到，许多学者都强调人与动物的重要区别之一是人具有制造工具的能力。实际上这里所指的"工具"不只是人类为了生存而用的武器和劳动工具，还应包含另一种更重要的工具——即人能制造"符号"这一工具，它的体现为语言和艺术。

语言是由一个个音节所构成的言辞所表征，它又能转换为书写形式的文字。文字是有形的语言，语言是有声的文字。语言和文字又是有声和无声的思想，无论是说话还是不说话时，一系列复杂的思想如无言词的带动，将无法进行。唯有人才能制造并使用这些符号——语言与文字，并用它来进行沟通和内省思考。有了符号，人们彼此之间可以联通，这些符号能构成体系，表达完整的信息；有了符号，可以推理，可以表示抽象的概念。艺术则是更复杂的符号表征——声色的表象不仅反映了丰富多彩的客观世界在人思维活动中的存在，也是人复杂的内心世界的映像。更何况原始艺术与原始宗教的密切关联，使得艺术的产生一开始即为人所特有。

原始的宗教和艺术活动是社会生活发展到一定程度时的产物。在化石智人阶段的后期，人们创造出壁画、泥塑、雕刻品及各种装饰品。其内容多取材于大自然和劳动的对象，它们对原始人的社会生活起着积极的推动作用。后来,这些艺术作品还广泛见于生活用具和劳动工具上,它们连同装饰品一起,起着美化生活的作用。艺术的发展也反映了原始人类审美观念的产生。而且有时也只能拥有相当的审美经验之后,才能对原始艺术的内涵有较为深刻的理解。特别有意思的是,在艺术品中出现了一批描绘女性形体的作品,往往把女性的乳房、腹部及臀部加以夸大,甚至描绘出性器官和性行为。这种对女性形体的赞美和性行为的向往反映了旧石器时代晚期人类对女性人体的崇敬和鉴赏,反映了原始人性崇拜的萌芽,表明性爱在人类历史发展中的重要作用。从另一方面看,正如前已述及,是不是也反映了人类起源过程中性选择作用的反响,是男性对体现女性美和性感的选择和塑造的结果? 性爱是塑造人类历史的一个强有力的基本因素。

在德国发现的狮头人身象牙雕像,距今3.5万年,为最早艺术品之一　　　在法国发现最早的做爱或分娩的雕刻　　　女体雕塑威伦道夫"维纳斯女神"

　　然而,在原始艺术品中反映了不少曲解现实世界的题材,如巫术活动的内容。在距今 1.8 万~1.2 万年的马格达林时期,许多原始壁画选择在洞穴深处制作。

一组带有巫术活动的欧洲旧石器晚期的艺术品

　　史前艺术品的发现，还有些故事：早在1879年，西班牙贵族索托拉在山坦得儿住地附近探勘洞穴。他的小女儿陪伴着他，正当他钻进阿尔塔密拉洞里，在前室地下寻找器物时，女孩走向内室去搜索。她漫步到入口左方一间大室内，忽然指着头顶惊喊道："牡牛！牡牛！"她的父亲大吃一惊，进去一看洞顶上果然绘着一群牛、鹿、马、猪和其他动物。有些只用黑线描轮廓，有些刷上红色，有些敷上几种颜色。画得最精的，外围线条豪放夭矫；中间黏附颜色，分出深浅，再用刷或笔补加加上细微的点线。在这座大洞里，许多岩壁上和头顶，都饰有最精巧的马格达林期的艺术品，前所未曾见到。阿尔塔密拉岩壁画的发现，虽然当时未被考古界普遍承认，但却揭开了旧石器时代晚期原始艺术一系列重要发现序幕！

　　1912年，贝古恩小兄弟三人在法国圣吉伦附近探洞时，在一个洞穴里现了史前泥塑的野牛雕像，此洞以后被命名为"三兄弟洞"。不久他们又去探洞，在另一个洞中的岩壁上，竟发现许多刻画的动物像，由此，专家们终于相信了史前艺术的存在。

泥塑的野牛像

　　1940年10月的一天，4个十几岁的孩子在法国南部的一个名叫拉斯科的洞穴里，发现更多的岩壁画，考古界为之轰动！人们后来又在附近几十个洞穴里发现类似的壁画。现在，拉斯科洞窟壁画和欧洲其他多处洞穴艺术被列为世界文化遗产。

照片中右边是四个孩子中的三位，他们四人带着小狗在拉斯科山上玩时，小狗掉在一个洞里，他们在救小狗时发现了拉斯科洞，以后在探洞时发现了岩壁画

　　看来孩子们在史前考古中功绩还不小呢！前面提及的，2008 年 8 月在南非马拉帕洞穴发现古人化石，是维茨大学古人类学家伯格教授的 9 岁儿子马修首先发现的，所以我希望少年朋友在读了本书后，在保证安全的情况下，也去探洞尝试找出我们自己的旧石器时代的洞穴岩壁画，它们迄今还未被发现呢！

　　此外，在化石智人的遗址中发现有意识埋葬死者的现象，甚至在原始时还在死者周围撒上红色的赭石粉。这是否也反映了原始人对事物认识的深入——这是对生命现象的一种概括。红色意味着血、活力和生命，似乎也是一种艺术的构思。

　　1960 年在伊拉克北部沙尼达尔岩洞里曾发现一具尼人骨化石，骨架是侧身卧在用松枝和花铺成的墓地里。

沙尼达尔岩洞尼人骨化石照片

艺术家郑毓敏创作的尼人鲜花埋葬死者图

用花来埋葬尸体在距今6万年前就有先例,实在令人赞叹不已。这一切说明了原始人对死者的关怀,对非人间世界的崇拜,同时也表明了原始宗教是人类历史发展到一定阶段的产物。原始宗教反映了早期人类幻想借助于神灵的力量来摆脱自然界加于他们身上的困境的愿望,也是原始人对某些自然现象和社会现象的一种推想和臆测。

欧洲壁画一直被专家认为是以洞穴绘画为代表的早期人类文化成就的摇篮,认为西欧是大约4万年前早期人类艺术活动中心。最近,在印度尼西亚苏拉威西岛上7个洞穴里发现了史前岩壁画,专家们着重研究了14幅洞穴岩画:12个人类手印和两幅写真主义动物画,其中一幅画的是鹿豚,另一幅是猪。大多数作品是用红赭石颜料绘制而成的红色或深紫红图画。科学家们采用铀系测年法分析了这些图画表面形成的"洞玉米花",发现最古老的作品是一个至少4万年前的手印,与世界上已知最古老壁画——在西班牙卡斯蒂略洞窟发现的红色球状纹样年代相当。苏拉威西的鹿豚画是已知最早的具象画,距今已有至少3.5万年。澳大利亚伍伦贡大学的考古学家托马斯·苏蒂克纳指出,苏拉威西的古人在做着与欧洲同时代人相同的事情,洞穴艺术可能几乎同时在世界各地独立出现,包括在欧洲和东南亚。

在化石智人阶段,人们能构筑多种类型的简单住房以避风雨,1982年,在哈尔滨西南郊25千米处的阎家岗发现了旧石器时代晚期的遗址。从地层中揭露出两个用大型哺乳动物骨骼围成的房屋短墙,其中之一直径约4.5

米,高约 0.5~0.8 米,墙的外壁参差不齐,内壁比较平整,约用了 500 多件头骨、下颌及肢骨。在发现的数以千计的动物骨块中,除少数骨块上有被其他动物咬啃的痕迹外,其他为人工砸击的痕迹。在遗址中还发现了一些石器。据分析,这是一座临时性的居住营地。化石智人已学会了缝制衣服用来御寒护身,此外,他们已能随时制备火种,这样他们就能在任何条件下生活了,他们的足迹已遍及除了南极洲以外的所有大陆和海洋中的主要岛屿。

现代人种的起源

原始人迁徙到不同环境条件的地区后,在原有直立人分区代表体质特点的基础上,经过漫长的演化,逐渐发展为现今不同肤色的人种。全世界现有黄、白、黑和棕肤色的四大主要人种。每个主要人种又可分为更多的小种族。现代科学一般认为人种是在化石智人阶段加快形成的,在化石智人的化石上也确实反映了这点。

关于人种形成的因素,无疑是比较复杂的。人类的社会生活对人种的形成有着重要影响,但这方面还需要深入地加以研究。对这个问题比较普遍的认识是这样的:在人种形成的早期阶段,不同地理环境和历史条件对种族特征的形成有着巨大的影响,许多种族特征大多是适应一定的环境条件而产生的。例如肤色,黑色和棕色人种的形成地区据称在非洲和南亚地区,这里的气候炎热、潮湿,阳光充足,暗黑色的皮肤可以吸收过量的紫外线,防止对肌体的损害;白色人种主要形成于中亚、西亚和地中海沿岸的温带地区,尤其在欧洲北部,那里的气候寒冷、潮湿,天空中时常飘浮着白云,阳光薄弱,人体对紫外线的需要量要较其他地区大,因此逐渐形成了浅淡的肤色。黄色人种形成于中亚与东亚的草原和半沙漠地带,那里气候干燥,风沙大,所以肤色发黄。此外,在眼睛内角处,上眼皮下垂,掩盖下眼皮,形成特殊的皮褶结构,以保护泪腺,防止眼睛干燥,这一结构称为"蒙古眼褶"。很有意思的是,生活在非洲卡拉哈里沙漠北部的布须曼人也有黄色的皮肤,这是由于环境条件相似所导致的。

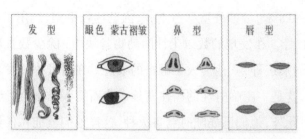

划分人种的几种体质特征

白色人种（左）与黄色人种（右）的比较。注意白色人种和黄色人种的内眼角处有不同的结构

　　当然，除了这些可以看得见、摸得着的外表特征外，在人体内部以及某些生理特征上也反映出一定的种族差异。例如，血型的分布频率各人种是不同的。再如，随着分子生物学的发展，发现白细胞抗原系统的分布频率在四大人种中也有明显差异，它可以用来作为判断与划分人种的科学依据，这些种族差异，科学界正在深入探索着。

　　这里顺便说一下，用肤色来划分人类种族，其实是不科学的，因为在同一种族内部肤色的变异程度是相当大的。所以科学上往往用地区来命名，或以某一种族代表为标准，与之相近的归为一类。如黄色人种又称"蒙古人种"，更确切地称为"类蒙古人种"，意思是类似典型蒙古人的那些种族。

棕色人种—大洋洲，白色人种—北欧地区，黑色人种—热带雨林，黄色人种—中亚沙漠地区

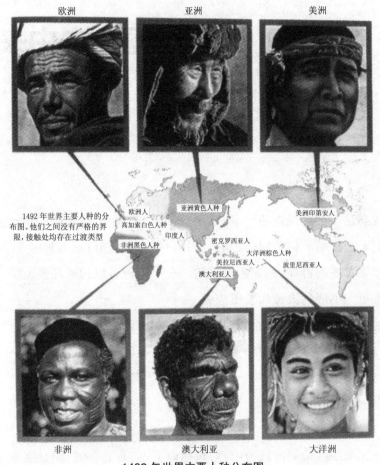

1492年世界主要人种的分布图。他们之间没有严格的界限，接触处均存在过渡类型

欧洲　亚洲　美洲

欧洲人
高加索白色人种
印度人
非洲黑色人种
亚洲黄色人种
美洲印第安人
密克罗西亚人
大洋洲棕色人种
美拉尼西亚人
澳大利亚人
波里尼西亚人

非洲　澳大利亚　大洋洲

1492年世界主要人种分布图

　　必须指出，用来作为种族划分标准的体质特征，如肤色、发型等，随着人类社会生产的发展，征服自然本领的增强，已丧失了对环境适应的意义。而且所有种族不论在智力潜力上，还是在与劳动有关的一切身体结构上都是一致的，没有本质上的差异。世界上所有种族都能自由婚配，所产生的子女都具有正常的生育能力，所以，所有人种在生物学上均属同一物种——"智人种"。

不同人种联姻出生后代均有生育能力

227

第七章　现代中国人之由来

　　我国是一个多民族的国家。然而"民族"与"人种"是不同的概念，前者是历史上形成的人们共同体，是人类社会特有的组群；而人种则是生物学上有血缘关系的群体，两者不可混淆。一个人种可以构成许多民族，同一民族也可由不同的人种代表所构成。

　　现代中国人，这里不是指政治概念上的中国人，而是指中华民族与海外华裔。除个别少数民族外，从生物学上说都属黄色人种（蒙古人种），若细分可分为南、北及中部三个类型，是我国著名人类学家刘咸教授于1937年提出的：

　　(1)中国北方人，简称"华北人"。

　　分布范围以黄河流域为中心，包括内蒙古、东北各省、陕甘高原、宁夏地区以及迁移到新疆的各民族都属于这个范畴。

　　一般说来，华北人身材高大，形体粗壮，肌肉发达，长头，狭鼻，面形长方，头发黑而直、粗而软，横切面近圆形，体毛稀少，胡须稀疏，眼裂略大，开度平正，少斜眼，有杏仁形眼，有或无蒙古眼褶，肤色黄或黄褐色，眼色淡或深黄色。

　　(2)中国中部人，简称"华中人"。

　　分布地区以长江流域为中心，古今居住在这一地区的民族都包括在内，其中有西南许多少数民族。

　　一般说，华中人身高中等，体质强健，中头，中鼻，面形圆，颧骨不突出，颜面角微倾斜,眼裂开度中等、少斜眼,有杏仁形眼,有或无蒙古眼褶,肤色淡或深黄,眼色黑褐或稍淡,头发黑而直、细软,横切面呈椭圆形,体毛稀少,胡须疏朗。

（3）中国南方人,简称"华南人"。

分布在珠江流域、福建、台湾和海南岛等地区。

华南人一般身材较矮但不小,强健、短头,面方圆,体毛少,胡须稀疏,阔鼻,鼻梁低平,肤色深黄或褐黄,眼裂大,唇略厚,少蒙古眼褶,眼色深黄或褐黄。

那么,现代中国人是如何形成的呢？这是本章要加以探讨的。

前面已说过,科学上一般认为人种起源是比较晚近的事,属于化石智人阶段,时间在距今8万～7万年到4万～3万年之间。不过也有人提出人类种族的形成时间要古远得多,很可能在直立人阶段某些基本特征已在形成,我赞同此说。从我国古人类化石和以后新石器时代人骨的体质特征来考察,不少为现代蒙古人种,包括中国人在内,所具有的重要特征可以追溯到直立人阶段的代表身上。可以这样说,中国人身上属蒙古人种的某些基本性状早在一百多万年前就已开始形成,至于更多、更细微的种族特征形成时间要晚至化石智人阶段,它在这一阶段的后期代表身上才固定下来。

第一节　中石器时代与新石器时代的先民

在人类体质发展史上,随着旧石器时代的结束,原始人的历程也算是告一段落了,到中、新石器时代已进入现代智人行列,这时他们尚处在现代人早期阶段。

中石器时代的人骨尚少,如果我们根据柳州白莲洞所提供的尺度来衡量,与其Ⅱ期文化大致相当的遗址虽然不少,但人骨仍不算多,完整的更少,其中值得一提的是柳州大龙潭鲤鱼嘴遗址,它是一座岩厦类型遗址,包含了上、下两个文化层,下文化层可与白莲洞Ⅱ期文化相比,出土有人骨架。我对其中完整的人头骨进行了研究,发现头骨上拥有十分明显的属于大洋洲尼革罗人种(澳大利亚人种)的形态特点,这一点也是东南亚"和平文化"早期阶段的人骨所具有的特点,"和平文化"早期阶段一般被认为属于中石器时代。

大龙潭人

在北方,有扎赉诺尔人头骨,最初发现的扎赉诺尔人曾被部分学者视作中石器时代的人骨,令人注目的是头骨人为变形的现象非常明显,脑颅被缠成宝塔状而尖耸起来,这种对人体进行人为损伤而留下疤痕或身体局部变形的做法,正是中石器时代的文化内容之一。山顶洞人出土有三个头骨,其中女性头骨也有变形现象,难怪有人曾提出山顶洞人亦可加入中石器时代的先民行列。

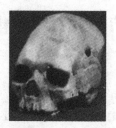

扎赉诺尔人头骨　　山顶洞人女性头骨

新石器时期的人骨,相对来说要丰富得多,根据对这些人骨材料的研究,我们得知,地处华北地区的黄河流域中、下游地区新石器时代中期的代表,明显地接近蒙古人种中的东亚类型,但也有些代表具有较多的接近南亚类型的特点。在长江流域和华南地区新石器时代的居民身上,不仅具有更多的接近南亚类型的特点,而且还在阔面、阔鼻、低鼻根和吻部突出等诸性状上反映出与澳大利亚人种相接近的特点。

　　这里有一个科学上尚未解决的难题,即在新石器时代我国华南地区人骨上反映出来的非蒙古人种的特点,这些类似于澳大利亚人种的特点是意味着在中国人起源过程中有外来因素的渗入呢? 还仅仅是由于在相同环境条件下各自演化而具有了共同性状,并非血缘关系呢? 不少人持后一种观点,但也有一些人认为不排除前者的可能。

　　我认为两种情况都有可能,因为人类的迁徙并非总是单向的。前几年我到新疆西部进行了古人类和民族考古的调查和考察,曾五上帕米尔高原,深入到塔吉克族生活的地区。

　　塔吉克族是很早就进入我国新疆境内的一支欧罗巴人种代表,塔吉克人的体质特征显示出典型的欧罗巴人种的基本特点。例如,他们的眼眶上缘前倾,超出了下缘的水平,鼻骨高耸,鼻根点相对较低,故历史文献中对他们有"高鼻深目"的描述。他们的颧骨低而后倾,故面部呈狭长状,与蒙古人种宽圆的面部成鲜明对比,他们的肤色也浅淡。他们的语言为萨里库利语,属于印欧语系伊朗语族的东支。

一组塔吉克族人生活照

我认为他们很可能是古雅利安人向南迁徙过程中西行一支的后裔。研究中亚历史的某些学者曾指出,欧罗巴人种的原始代表古雅利安人,在公元前20世纪的中期向南方外迁,一支进入印度,一支进入伊朗,这些学者认为很可能还有一支迁入塔里木盆地及其附近地区。我国境内的塔吉克人属山地塔吉克人,可能带有更多的他们祖先的特点。有没有可能他们就是进入塔里木盆地及附近地区古利雅安人的后代呢?这种可能性是存在的,当然还需做更深入的调查研究。

值得注意的是,我曾初步研究了帕米尔高原上出土的新石器时代残破的人头骨(下左、中),并观察了出自乌鲁木齐附近乌拉泊地区古代石板墓中的人头骨(下右),发现都含有明显属于欧罗巴人种的一些性状。看来,我们还不能完全排除在新石器时代可能有些外来的因素参加到现代中国人的形成过程中来。

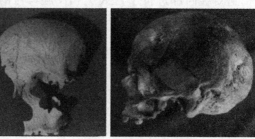

帕米尔高原新石器时代残破人头骨　　　　乌鲁木齐附近乌拉泊地区
　　　　　　　　　　　　　　　　　古代石板墓中人头骨

新石器时代居民的主要体质特征由北向南似有如下的发展趋势:即颅骨由高而短向低而长,上面部由较狭长向低短,眼眶由较高向较低,面部较垂直向突颌,中宽的鼻型向阔鼻发展,诸区组的人骨上已有较明显的地区性差异。

已拥有的资料表明,我国远古大陆上的居民,至迟在化石智人晚期的代表身上已有南北分型的趋势,到了新石器时代的居民身上则更加明显了。

我曾经研究出自云南德钦县纳古村的一具头骨,该头骨是由青铜时代石棺墓中出土的,时代为春秋早、中期,甚至可早到西周晚期。

这具头骨十分粗硕,代表年过56岁的老年个体,形态上呈现了明显的亚洲大陆蒙古人种特点,且比较接近远东和东亚类型。

由于对比材料的欠缺,我还不能判断该头骨究竟属于哪一个民族。但值得注意的是,将它与同一时期已发现的男性头骨相比较,它竟与辽宁夏家店上文化层出土的

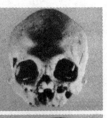

云南德钦县纳古村头骨

人骨相当接近,而且有趣的是,纳古石棺结构以及棺中伴随少量随葬品的习俗,与夏家店上文化层的石棺墓也颇接近。当时我提出,这种相似情况是否意味着两者之间有什么内在联系?之前我读到了童恩正教授的一篇有关从东北至西南边区半月形文化传播带的论文,论文从细石器、石棺墓葬、大石墓——石棚和墓中出土文物等诸文化因素详做分析,论证存在半月形文化传播带,它们处于古代华夏文明的边缘地带。

这些文化因素在这一传播带具有共性,很难全用"偶合"来解释,而是有密切的内在联系,这也就是对纳古头骨形态特征何以与辽宁夏家店上文化层的人骨相似的解释,提供了很重要的线索。人是文化的创造者,同时也是文化的携带者。古代人的迁徙,也就是古代文化的传播,文化的融合实际上也意味着人群的联系与融合。从纳古头骨反映出的与辽宁夏家店上层文化的相似性,不正从另一面反映了古文化的交流与传播吗?我想应当是如此。

最后还要讲一讲我们中国人何以为"龙的传人"。

第二节　古史中的四大集团与龙的传人

　　龙是华夏族的象征,中华子孙均以身为龙的子孙而自豪。但从科学角度上看,龙究竟为何物?怎样产生?这是历代学者潜心探求的古老之谜,也是自然之谜。

　　现代艺术品中的龙,千姿百态。但按古籍记载,其标准形象应为"角似鹿、头似驼、眼似兔、项似蛇、腹似蜃、爪似鹰、掌似虎和耳似牛"(《尔雅·翼》)。

　　我国最古老的文字殷商甲骨文中载有龙的形象表征,其字形似有角、有牙、有鳞、有足或无足的爬行动物。而且龙字头上常标有加以镇伏及刑杀的符号,这似乎表明,龙在当时并非象征吉祥之物。

　　据古籍载录,龙体能细能巨,能短能长,它能上天入海,龙似乎是变幻无穷的超自然之物。

　　历代学者对龙作了种种考据和推测。学术界中有龙从西来说(认为龙字的发音与西方文字的发音有相似之处),有龙从蛇来说,还有龙从鳄鱼来说,等等。

　　归纳诸家之说:龙的原型是爬行动物,龙与蛇、鳄鱼和蜥蜴关系最为密切。看来,龙并不是某种动物的单一形象,而是古代人们想象中的一种综合性的神化了的动物。

　　在我国,龙甚至被一些现代少数民族视为祖先。如彝族传说中的一位民族英雄即为龙女所生;黎族有文身"以像龙纹"的习俗;广东疍人自云"龙种"等等。以龙为祖先,实则反映了远古时代的"图腾崇拜"。

　　近年来,人们多次从古文物和遗址中发现五六千年以来的各个时期的蜥蜴、鳄鱼、蟒蛇及龙的图腾崇拜物。

　　从这些简单的图像中,我们可以看到龙形象的塑造、演变及形成的过程。最初的龙远非现在"九似"的复杂形象。在长期的融合过程中,中国古代各氏族将自己的图腾崇拜物取其某一方面,根据想象综合塑造出现在龙的形象。

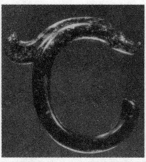

玉龙(辽宁后洼)　　　玉龙(内蒙古翁牛特旗)　仰韶文化中彩陶瓶
上龙的形象

河南濮阳西水坡仰韶文化墓葬中的蚌龙

据有些学者称,炎黄族以虎为图腾,而南蛮则以龙为图腾,在商取代夏之后,龙图腾占优势,虎形象逐渐转为龙形象了。然而,作为崇拜物"龙"的本原,最初也相当纷杂,几乎从鱼到人均有。汉代文物中表现的伏羲、女娲的人首蛇身图像,即是当时对华夏祖先崇拜龙的形象说明,随着远古时期各部落的融合,最终形成了综合性的龙图腾,成为华夏崇拜物,海内外的炎黄子孙也因此成为"龙的传人"。

在我国古史传说中,活动在黄河流域的是"华夏集团"(中原地区)和"东夷集团"(东部临海地区);而在长江上游的是"氐羌族",在中游的为"苗蛮集团";华南地区古代的则为"越族"。根据现有的史前人骨材料推断,正是在新石器时代居民们南北分型的基础上,也许还有来自南方的影响,产生了远古的这几大集团,以后演化为现代的华北人和华南人,而华中人则是两者的过渡。

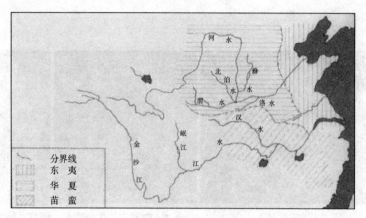

远古地形示意图

至于地处我国西部的南疆地区,还可能有来自西方的影响,不仅在当地古代居民中渗入了欧罗巴人种的因素,而且直到现在还带有欧罗巴人种特点的原住民——塔吉克人存在。

第八章 人类的未来:拯救自然, 也就是拯救人自身

任何形式的农耕,均以破坏生态环境作为代价的,它打破了自然生态原有的平衡与和谐,却建立起一套新的平衡关系,即人与栽培作物、人与驯养家畜建立了共生的依赖关系。拿栽培作物来说,由野生的植物变成栽培作物后,人们不断培育出新的品种,它们因人而存在,依靠人的播种才能得以繁殖,而人又依赖它而生存和发展。人虽然可以靠野生动植物生存,但他要求更大、更快地发展,仅止于此是不可能的。人与作物的相互依存,人的生活与自然界实现的这一新的组合就是农耕活动。

再拿人与驯养动物来说,人驯养了动物,这些被驯养的动物不再是被狩猎的对象,它们本身也不再成为伤害人类的敌害者或掠夺者,也不再是人类生存的竞争者,也不是无所作为的寄生者,而是与人相互依存的又一类共生者。它们有的成为人类肉食的来源,如猪、牛、羊等;有的成为人类畜力的来源,如牛、马等;也有的成为人狩猎时的帮手,如狗。随着生活的发展,人拥有越来越多的驯养动物,它们因人类的需要而存在,人也因为它们的存在而获得更好的生存条件。

然而人在竭力建立新秩序和新关系的同时又造成了与自然界新的矛盾。农业过多的发展,带来了森林大面积的毁灭、水土流失和生境破坏。虽然采集和狩猎是对自然资源的攫取,有时甚至是掠夺性的,而生产性经

济看起来不是,其实在更深层的意义上,它是对自然界的另一种攫取和掠夺,是对土地肥力的掠夺,是以牺牲更多的自然资源来获取生产成效的,甚至发展到一定程度也是对自身的掠夺——不是有"人畜争粮"的困惑吗?现在我们不妨从人类生态学的角度来考察这个问题。

人与森林的关系十分密切,对于一个森林生态系统,在原始狩猎——采集经济形态中,森林算是"生产者",动物、人,还有寄生菌类则是"消费者",对人而言,他是纯粹消费者,因为动物与寄生菌也为人所利用。在这个森林生态系统中体现了人与自然的和谐与统一,尽管采集与狩猎为攫取性的,但人类尚未达到滥用资源的地步,他对自然过程只是加速或减缓,还未达到干扰、打乱和重建秩序的程度。

到了火耕农业产生之后,森林生态系统转化为火耕人类—森林生态系统。有的学者认为此时人的角色只是由"单级消费者"变为"多级消费者"而已;动物成为"第二性生产者"或"初级消费者";而植物,不论是森林还是栽培作物,是"生产者",是上升到首位的"生产者"或"第一性生产者"。我认为这种说法尚不够全面,因为人在此时已不再是纯粹的消费者,他干预了生产过程,参与了生产过程。前已述及,人与栽培植物,人与驯养动物不只是消费与生产的对立关系,而成了互存的共生关系。没有人类的需求就没有栽培植物与驯养动物生存的前提,没有人类提供的生存条件,一切均化为乌有。所以人集消费与生产于一身,人成为特殊的消费者或生产者,这也是人类角色转换后的最终体现。

原始人类制造和利用工具来狩猎和采集以求生存,这种特殊的适应方式是人类初级形态的文化适应方式,一旦人类制造和利用工具,通过原始农耕活动和驯养动物来谋求生存和更大的发展,这是更高层次的文化适应方式,这就是人类文化亦即人类文明的崛起和阶段性发展的历史进程。人就这样通过文化适应与生物适应的交互作用而创造了人本身。

人是大地之子,大地孕育了他又抚育了他,大地给予人以生命,人创造了文化,文化又给予人以智慧,创造出更加灿烂的人类文明,人成了有理解力的生命,人与自然的共处找到了契合点,一旦人悟到自身的存在,自然界也就在他身上获得了自我意识。

然而,人的出现打破了自然界的原有秩序,最后导致了生物圈的失衡。"生物圈"一词原是法国近代思想家、学者德日进所创,著名学者汤因比进一步指:生物圈是人类唯一的永久栖身地,即所谓人类的"大地母亲"。但是"大地母亲不是通过单性生殖产生生命的。她是通过一位父亲获得生殖能力的。这位父亲就是太阳!"生物圈之所以能够栖息生命,是因为它的诸种要素互为补充,具有一种自我调节的联系。在人类出现之前,生物圈的任何成分——有机体、失去有机物构成的物质和无机体——都未曾获得力量,打破各种力量相互作用的微妙平衡。正是这种平衡,使生物圈成了生命的收养所。

能打破这种平衡,唯有人!人打破了自然界的原有的秩序力图建立新的秩序,确立新的平衡,来服务于他的目的——控制自然、支配自然,最后来统治自然。汤因比称,"人类是生物圈中第一个有能力摧毁生物圈的物种"。如前所述,我认为人确是一个极具创造力,又极具破坏力的物种!

人类仍在进化中,科学的发展月新月异,人跨出地球迈向宇宙!人启动了"人类基因型计划",通过生物遗传工程来改造人类的遗传性状,战胜疾病造福于人类。生物遗传工程、克隆技术展示了拓展生产的广阔前景。人的未来形象是怪物,还是更健美?

人夸自己为

人类踏上月球

1967年文化人类学家布雷斯对未来人的想象图

自然的骄子，其实他是自然的逆子。大地曾慷慨地给予，然而，人贪婪了，无穷无尽地索取变成了残酷无情的榨取。自然枯竭了，加之人口无节制的繁殖，人口爆炸使得地球不堪重负，人毁灭了自然，也就毁灭了自身，当人的觉醒来临时，已不堪回首。

人类肆意毁灭森林　　鲨鱼，海洋生物食物链的顶级猎食者，亦是海洋的清道夫，平衡海洋生态，在地球上已生活了4亿年，现正面临严峻的生存危机——过度捕捞！图为日本最大的捕鲨业中心气仙沼市的鲨鱼削鳍工厂

西班牙每年庆祝圣梅尔塞节，人山人海的壮观场面岂不是人口爆炸的生动写照（2014）

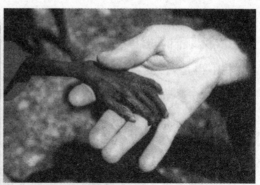

非洲卢旺达种族大屠杀(1994)　　饥饿、疾病、贫富巨大差距(1980年摄于乌干达)

屠杀人类的现代化(1945年8月6日日本广岛原子弹爆炸、2000年9·11美国恐怖袭击)

人的未来是什么?我们走向何方?

我虽然对"我是谁、来自何方"讲了又讲,但对这简单的问题,眼看上面所呈现的人类浩劫场面,纵然科学上再伟大的成就,也使我高兴不起来,茫然无措而无言以答!日前,我见到一幅19世纪题为"希望"的画作,为乔治F.瓦兹所作。注释者讲了一番令人感慨的由衷之言:在人类所居住的星球上,"希望"像是被蒙蔽着眼睛,但她却一直是一个美丽的存在,并用若隐若现的琴声伴随着人类前进。是啊,正是"希望"长存,人类终会不失方向,尽管步履蹒跚,依然奋勇前进!

依我幼稚的想法,人要拯救自己,首先要拯救自己的灵魂,人失去了灵魂,就不再是人,拯救灵魂就要放弃统治自然,甚至统治同类的野心;就要自我救赎贪婪和残暴的心灵,并拯救惨遭摧残的自然。人来自大自然,生存于大自然,拯救了自然,也许就会睁开被蒙蔽的双眼,于是也就拯救了人自己!

希望永存,尽管双眼被蒙蔽,但蹒跚前行,人类的未来命运掌握在人类自己手中